U0038123

體驗設計

創意思考術

玉樹真一郎——著

江宓蓁——譯

前言

深夜獨自走在街道上，你是否曾經不由自主地想到鬼？要是真的有鬼出現……自己該求救嗎？打一一〇？還是奮力一戰？激烈躁動的內心甚至可以改變身體原本的節奏，以冷顫、冒汗和心臟狂跳等形式表現出來。

玩遊戲的時候也會發生同樣的事。遊戲本來就是虛構的，不論主角遇上多少危險，對現實人生都不可能造成任何影響，但遊戲確實可以撼動內心，讓人提心吊膽或興奮不已，既是懊惱、又是愉快。

走夜路和玩遊戲的共通之處，就是觸動我們的內心，並帶來強烈的體驗。要是能像走夜路和玩遊戲一樣，輕輕鬆鬆就能打動人心該有多好……你有這樣想過嗎？

比方說扶養小孩。為什麼不管自己念了多少次，孩子都不願意把東西收好？**為什麼孩子總是不聽自己說的話？**

START

比方說對話。不論再怎麼拚命，最重要的東西始終無法傳達出去。**為什麼對方無法理解自己的意思？**

比方說商業場合。儘管自家耗盡心力企劃、開發的商品和服務如此有用、如此方便，卻一直都賣不好。**為什麼這麼好的東西卻賣不出去？**

我就是為了回應「想要觸動人心，想讓對方了解並促進對方採取行動」這樣的願望，才寫了這本書。不對，老實說……是我自己一直都有這個心願。我真的迫切想要知道，**該怎麼做才能打造出觸動人心的使用者體驗**。相信你跟我也有同樣的心情，對吧？

先說結論。任何人都可以成功打造出觸動人心的使用者體驗，當然你也可以。

抱歉還沒自我介紹，我是玉樹真一郎，過去曾任職於任天堂株式會社，負責擔任遊戲主機企劃。其中與我關係最密切的是一臺叫作 Wii 的遊戲主機。

有人會因為被念了「去把東西收好！」就出現「好想收拾！」的想法嗎？應該不會有。既然如此，該怎麼做才能讓對方產生想要整理的念頭呢……本書就是在思考這個問題。

一九七七年（昭和五十二年）生於青森縣八戶市，B型。任職於任天堂時住在京都，現在則是回歸故鄉獨立創業，經營名叫「明白事務所（わかる事務所）」個人事務所。

Wii後來成為全世界銷量上億的超熱賣主機，但是Wii本身其實沒什麼有趣的。遊戲主機這東西充其量只是為了讓「玩遊戲」這項體驗變得更有趣，所以我當時針對「遊戲是如何觸動人心？」這個主題反覆進行討論、分析與研究，再把研究成果活用在商品企劃上。

後來我離開任天堂，以企劃專家的身分協助各式各樣的企業團體思考新企劃，而我唯一的武器，就是透過職場生涯持續學習並實踐至今的**「觸動人心的使用者體驗創造法」**。

現今這個世上，只強調高機能、高性能的商品已經漸漸賣不出去了。消費者想要的東西是忍不住就想伸手接觸、任何人都能使用、只要擁有就會覺得開心的事物……他們真正想要的是可以帶來感動體驗的商品和服務。

我們無時無刻都在渴求感動。

而這正是本書的核心。本書把製造感動體驗的方法稱為**「體驗設計」**，分別整理成三個類別，不論職場或日常生活都能加以應用。

在商業世界中，商品或服務帶給使用者的體驗被稱為UX（User eXperience）。這個概念不只應用在企劃和設計上，對經營來說也相當重要。

設計這個詞擁有兩個意思。狹義的設計指的是打造物件的形狀，而廣義的設計則是進行計畫或企劃。本書中所使用的設計都是「廣義的設計」。

不過話說回來，突然聽到「這是體驗設計」相信一定有人覺得摸不著半點頭緒。畢竟**「體驗」這件事本身就是抽象概念，沒辦法用語言完整說明。**

我們就用例題來說明吧。題目一點都不難，只要**看著左邊這張「對著鼻孔比ＹＡ」的圖片五秒**即可。

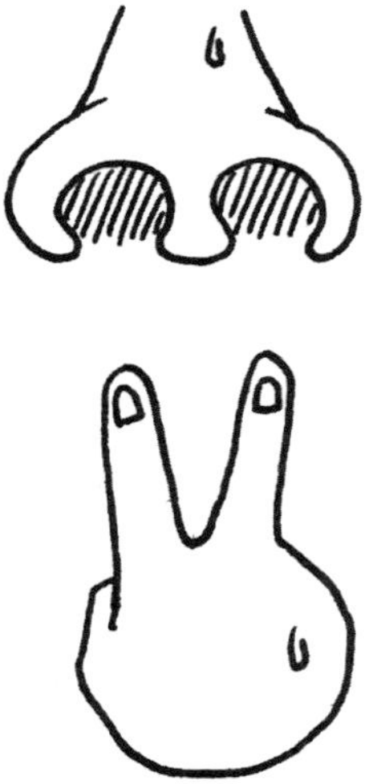

上面這道例題改編自遊戲《壞利歐工坊》（任天堂，二〇〇三年）的知名小遊戲「放進去！」，玩家必須瞬間解開每隔幾秒就出現的問題。

到底是為什麼呢？明明只是看著圖片，但心裡卻莫名有股衝動，感覺非常在意鼻孔周圍對吧？這股內心的衝動，正是「體驗」的本質所在。

體驗這個詞雖然用了「體」這個字，但是和身體沒有任何關係。**只要內心有所觸動，那就是體驗**。

在歷史上留名的遊戲名作是如何打動玩家的心呢？本書便是一邊分析實際遊戲，一邊朝著體驗設計的本質前進。

不過有一點必須請各位注意，本書針對遊戲進行的分析、議論內容全是筆者的個人見解，絕非遊戲公司的官方解釋。遊戲為什麼有趣？這道謎題無法透過單一路徑解開。如果各位能和我一起踏上解謎之旅，那就太令人開心了。

那麼，圍繞在你身邊的眾多商品與服務到底設計了什麼樣的體驗，為你帶來什麼樣的感覺呢？當你能夠看清這些體驗的真面目時，你對這個世界的看法、感受，甚至連人生的舒適程度，搞不好都會有所改變。

「對著鼻孔比ＹＡ」的圖片為什麼能觸動你的心？筆者把自己摸索出來的答案寫在〈結語〉裡了。

作者過去雖然是任天堂員工，但是就算提及任天堂遊戲的內容，也絕非官方解釋。只是為了讓大家知道遊戲的驚人、美妙之處才執筆完成了這本書。

更進一步來說，你想要觸動人心、想獲得理解、想促使對方採取行動……這些願望，說不定也都能實現。

這樣會太誇張嗎？不過我的目的確實是實現這些願望。為了讓體驗設計這個概念變得更加容易感受理解，本書也同樣施加了大量的機關設計。雖然內容有許多奇妙的地方，不過還請各位不要想得太困難，放心去體驗就好。

玉樹真一郎

本書的氛圍和一般商務用書很不一樣，可能會讓人感到驚訝。但是這種迥異的氛圍，其實也是透過刻意設計而來。書中都有附上解說，敬請放心。

「體驗設計」創意思考術

目錄

第1章

人為什麼會「忍不住就做下去」？

第2章

人為什麼會「忍不住就沉迷其中」？

第3章

人為什麼會「忍不住就想找人分享」？

故事設計 165

卷末2

可更加深入學習體驗設計的參考資料

※ 請選擇吧！

本書的閱讀方式
是從第一頁開始一頁頁往下，
一步步獲得理解。

至於應用在職場與日常生活的
體驗設計具體範例，則是在
第 279 頁
「使用者體驗製作法」的使用方式（實踐篇）
以後。

請從你喜歡的地方開始閱讀吧。

※ 本書內容皆為作者個人考察，
與書中登場的遊戲公司和製作者的見解有所不同。
※ 本書記載了部分遊戲的故事與核心，
煩請諒解。

你「想要打動的人」是誰？
是工作上的客戶？工作夥伴？還是朋友或家人？

本書在此介紹能夠打動每一種人的方法。
比方說像這樣：

---

1 **讓人「忍不住」就想做。**

2 **讓人「忍不住」就沉迷。**

3 **讓人「忍不住」想找人分享。**

這個「忍不住」正是體驗設計所擁有的力量。
來，讓我們一起踏上感動人心的體驗設計之旅吧！

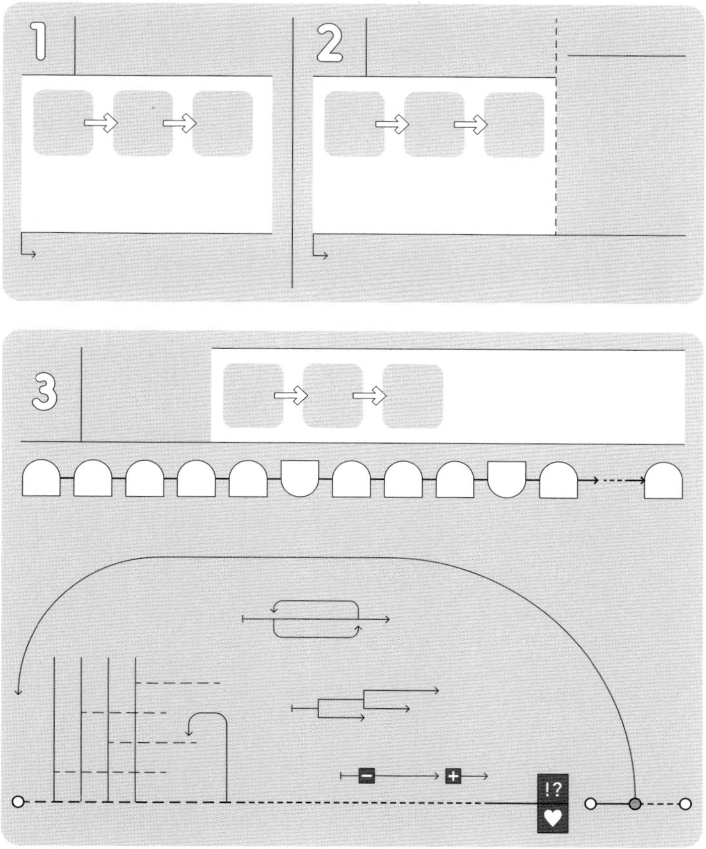

上圖就是體驗設計的全貌。
本書以遊戲為題材，
依序解釋何謂 1：直覺設計，2：驚奇設計，3：故事設計。

此刻不會對「全貌圖」進行說明，只顯示其架構。
之後就會揭示所有內容，
希望你能抱著期待的心情繼續閱讀下去。

你　現在　能看懂
我指著　幾點幾分　了嗎？

出自《MOTHER 2》（一九九四年，任天堂）時鐘的話

第 1 章

人為什麼會「忍不住就做下去」？

直覺設計

自電腦遊戲獲得廣泛認知以來已經過了數十年，其中擔任遊戲發展中樞角色的遊戲，正是第一章的分析目標《超級瑪利歐兄弟》。書中將簡稱為《超級瑪利歐》。

這套作品已經名列金氏世界紀錄，是全世界最暢銷的遊戲。如同各位所知，它毫無疑問是足以代表遊戲歷史的作品，甚至是全世界通用的遊戲代名詞。

這套歷史地位崇高的作品，本章將逐一分析其中的體驗設計，並針對遊戲這種東西到底是如何打造出直覺性體驗，進行討論。

直覺性體驗的相關討論，最後將會連結到「人為什麼玩遊戲？」這個本質上的問題。

超級瑪利歐兄弟

Super Mario Bros.
1985 任天堂

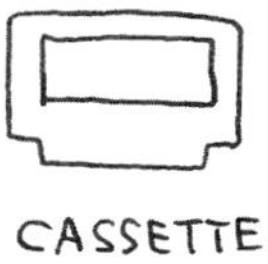

考慮到遊戲公司的相關著作權，本書在講解體驗設計的時候
不會使用實際遊戲畫面，而是以示意圖呈現。
如果想確認真正的遊戲畫面，請參考著作權所有人所公布的
官方遊戲畫面，或是直接玩該遊戲。

到底什麼樣的遊戲才會大賣？如果被人這樣問，絕大多數人都會這樣回答：「看起來有趣的遊戲就會大賣啊！」這是正確的，是非常理所當然的。**看起來有趣的遊戲，就會大賣。**

《超級瑪利歐》是一款可以登上金氏世界紀錄的超熱賣遊戲。既然如此大賣，照理來說任何人的第一印象都應該是「看起來好有趣！」，對吧？

於是我們做了一個實驗，找來幾個說話直率的孩子，讓他們看看《超級瑪利歐》的開頭畫面，然後詢問「看起來有趣嗎？」然而面對這款全世界銷售量最高的遊戲，孩子們卻說出了這樣的感想：

「看起來不好玩。」

全世界最暢銷的遊戲，竟然看起來不好玩……這實在太奇怪了。假使它真的看起來不好玩，那麼**《超級瑪利歐》為什麼會是全世界銷量最高的遊戲？**

《超級瑪利歐》開頭畫面（示意圖）

但是話說回來，關於「《超級瑪利歐》為什麼是全世界銷量最高的遊戲？」這個直球問題，回答起來會有點麻煩。因為在思考商品大賣的原因時，必須把時代背景之類的複雜因素一併考慮進去。為了把注意力完全集中在遊戲的體驗設計上，雖然有點拐彎抹角，但我想補充一個輔助問題。

這款遊戲要做什麼才能贏？

要做什麼才能贏？這是這款遊戲最重要的規則，所以過去曾經玩過《超級瑪利歐》的人全部都能瞬間秒答……應該是如此。然而出乎預料的是，**這個問題困難到幾乎沒有人答得出來**。我們一起來看看幾個錯誤答案，慢慢朝著正確答案前進吧。

首先就從這幾個答案開始吧。說到瑪利歐的宿敵、最強的對手、最後的魔王……那會是誰？

得分
0分
金幣
0枚
關卡
1-1
剩餘時間
399

要做什麼
才算贏？

看看左頁下方的示意圖。牠擋在瑪利歐的面前，所以**「打敗庫巴就能贏」**。這是最常出現的錯誤答案。各位可能會覺得庫巴的確是這款遊戲的最後頭目沒錯啊，這答案怎麼可能是錯的……

以足球為例，要是不知道「只要把球踢進網中就能得分」、「不可以用手碰球」等基本規則就沒辦法玩，對吧？所以規則一定要在事前說明，最重要的事情必須在一開始就說清楚。

可是《超級瑪利歐》的開頭畫面**完全沒有告訴玩家「打倒庫巴就算贏」**，連庫巴的「庫」字都沒出現。這就表示「打倒庫巴就算贏」這項規則並不是這款遊戲的基礎，充其量只是分支。同樣的道理，「救出被庫巴抓走的碧姬公主就算贏」也是錯誤答案。

簡單來說，這邊想表達的就是**最重要的規則一定會在遊戲一開始就讓玩家知道**……此時經常出現的錯誤答案共有四種，直接全部舉出來好了。

《超級瑪利歐》開頭畫面

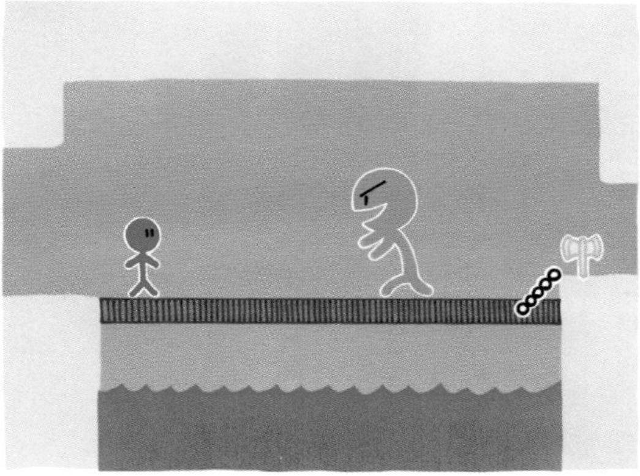

庫巴

拿到高分就能贏，收集金幣就能贏，進入下一關就能贏，在限制時間內完成某些事情就能贏。以上出現的四個回答，很遺憾都是錯的。這是為什麼呢？

假設有個玩家看到畫面後認為「拿到高分就是最重要的規則」，之後，該玩家當然會嘗試各種方法來取得高分，但這時問題就來了，畫面上雖然顯示了分數的存在，卻**沒有顯示得分的方法**。這麼一來玩家無法得知該如何取分，最後只能進退兩難。

也就是說，所謂最重要的規則，就是讓玩家能瞬間掌握「自己該做什麼」的一種行動。《超級瑪利歐》的開頭畫面到底想要催促我們做什麼？那就是真正最重要的規則。

可是話又說回來，錯誤答案變得越來越多了。不是庫巴、不是碧姬，也不是分數或金幣，難度開始變得越來越高……

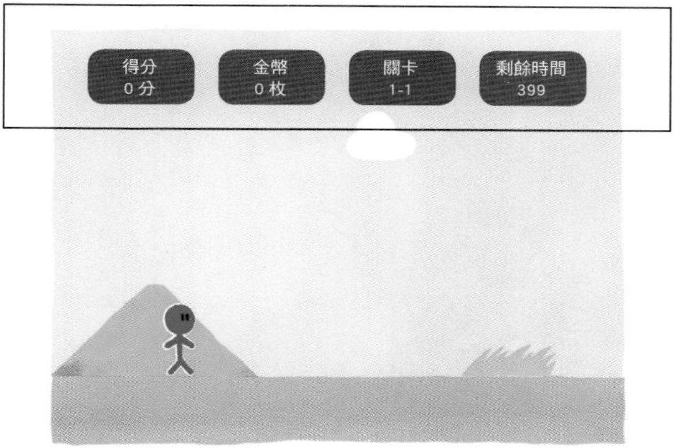

顯示在畫面上方的情報

來點提示吧。

這款遊戲打敗庫巴的方法是這樣的：取得斧頭切斷鐵鍊，讓橋掉下去，同時也讓庫巴掉進岩漿。換句話說，**只要拿到畫面右邊的斧頭就能贏**。喔……原來是這樣……請你別這麼敷衍，這裡其實有兩個可疑的地方。

第一，就一款提供給小孩玩的遊戲來說，戰鬥方式實在太不起眼。若是實際請孩子們來策劃遊戲，他們其實都偏好拳頭或炸彈等比較誇張的演出。遊戲設計者到底為什麼選擇這種不起眼的戰鬥方式？

第二，在這種不起眼的戰鬥方式上分配了大量珍貴的遊戲容量。過去的遊戲檔案真的非常小，卻不惜把大量資源分配給斧頭、鐵鍊、橋和岩漿也要**堅持這種戰鬥方式，其理由到底是什麼？**

越想越覺得這項設計很奇怪，所以我們換個角度想好了。如果遊戲設計者其實不是「想要採用這種戰鬥方法」，而是「雖然不起眼又占用超多資源，但還是**不得不採用這種戰鬥方法**」呢？

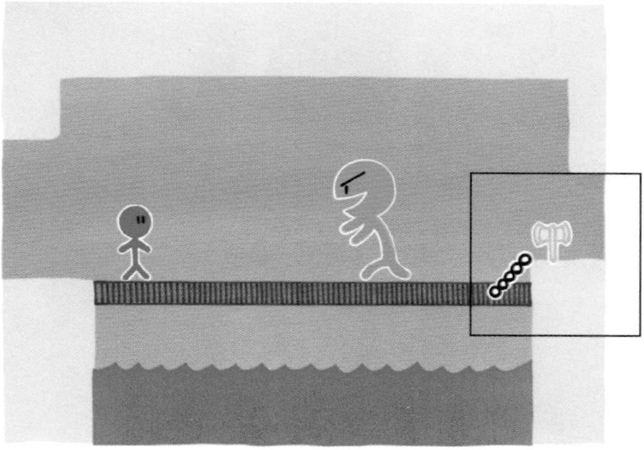

畫面右邊的斧頭

早在和庫巴相遇之前，玩家就已經在遊戲開頭畫面無意識地感應到最重要的規則，並**依照規則進行冒險**，費了一番工夫才總算走到庫巴面前。那個時候，玩家心裡在想些什麼呢？有人是在仔細觀察各種機關，完全看穿「打倒庫巴必須取得斧頭、切斷鐵鍊讓橋掉下去」這個箇中意義之後才玩的嗎？應該沒有吧。

玩家心裡所想的事只有一個，那就是必須遵照這個早在遇見庫巴之前就深信不疑的重要規則行動……就只是這樣而已。這才是為什麼遊戲設計者**必須在玩家遵照最重要規則採取行動的狀況下，設計出可以自然而然地打倒庫巴的機關**，而結果就是創造出「取得畫面右邊的斧頭」這種獲勝方式。

遊戲設計者不惜做到這種程度也要遵守到底的重要規則，到底是什麼？請一邊思考「打倒庫巴的方法是『取得畫面右邊的斧頭』」這一點，然後再來檢視《超級瑪利歐》的開頭畫面。

遊戲開頭，玩家就已經直覺感應到規則

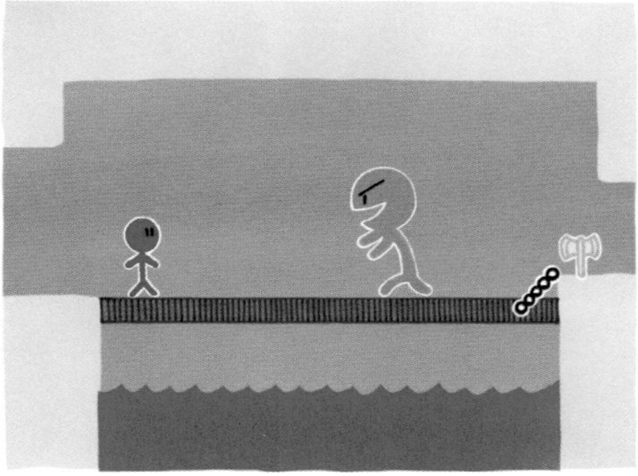

對自己感應到的規則深信不疑，持續前進到庫巴面前

早在遇上庫巴之前
玩家就已經
深信不疑的規則。

《超級瑪利歐》到底要做什麼才能贏？到目前為止，我們已經舉出了下列幾個錯誤答案：

打倒**庫巴**就能贏。

救出**碧姬公主**就能贏。

取得**分數**就能贏。

收集**金幣**就能贏。

進入**下一關**就能贏。

在**限制時間**內完成某件事就能贏。

現在如果有人感覺有點不太對勁，那麼你是個非常敏銳的人。明明已經舉出這麼多錯誤答案，**這個遊戲中最重要的事物卻還沒有登場**。

這款遊戲的主角是全世界最有名的遊戲角色，他是最顯眼的人，所有玩家第一眼就會注意到他。這個人就是……

這個畫面上最應該注意的存在是？

應該讓最引人注目的事物，傳達最重要的情報。

沒錯，照理來說受到玩家最大矚目的遊戲主角——**瑪利歐，才是真正將這款遊戲最重要的規則傳達出來的人**，所以我們現在來仔細觀察瑪利歐吧。請試著用文字寫出你從瑪利歐身上獲得的情報。順帶一提，我（筆者）把觀察之後化為文字的這個動作，稱之為**「文字素描」**。

「紅色的」，不錯喔！雖然熟悉瑪利歐的人還知道「有長鬍子」、「戴著帽子」之類的樣貌，不過這裡只要提供示意圖當中顯示的情報就好了……你可能會覺得「不不不，示意圖裡已經看不出其他情報了啊！」其實還是有的。

瑪利歐人在哪裡？「在平坦的地面上」，「在畫面的**左邊**」。

瑪利歐在做什麼？「站著」，「面向**右邊**」。

瑪利歐在畫面**左邊**，面向**右邊**。他這個樣子是想傳達出什麼訊息？剩下的兩個提示就一併提出來吧。

試著「文字素描」瑪利歐

利用文字素描分析瑪利歐想要傳達的訊息。

第一，畫面左邊有一座高山，給人**「左邊是牆壁，被堵住」**的印象。

第二，畫面右邊有亮眼的黃綠色青草和純白的雲，兩者都利用明亮的顏色吸引目光，像是試圖**將玩家的視線不斷向右拉扯**。

另外還有一點，示意圖雖然表現不出來，但瑪利歐的確是戴著帽子的大鬍子。為什麼他是個戴帽子的大鬍子？可以推測這是為了讓人更容易看出他的臉朝向哪一個方向。先不說帽子，一款給小孩玩的遊戲，主角竟然是個大鬍子？一般來說這是非常匪夷所思的。不過，如果這是遊戲設計者想**讓玩家意識到「瑪利歐面向右邊」這件事而刻意為之**，反而就可以接受這個設計。

相信你應該已經知道了吧？下一頁就要公布正確答案了，所以我重新再問一次，希望你已經準備好你的答案。

這款遊戲到底要做什麼才能贏？這款遊戲最重要的規則是什麼？

山、草、雲

畫面上所有的設計，都傳達出一個訊息。

答案是**「往右前進」**，這才是這款遊戲最重要的規則。在廣大世界盡情奔跑的瑪利歐，其實也只是不斷往右前進而已。

玩家在遊戲開頭直覺地意識到這個規則，並理解、深信，甚至理所當然到無法化為文字敘述。至於玩家到底有多麼相信「往右前進」這個規則，他們和庫巴對決時的行動就是最好的證據。

來到庫巴面前的玩家，即使不知道周圍的斧頭、鎖鍊、橋和岩漿之類的機關到底有什麼用意，但還是相信「只要往右應該就有辦法解決」，不惜冒著生命危險也要努力往右走。玩家就是如此強烈深信「往右前進」這件事。

然而這時問題就來了。**為什麼玩家會對「往右前進」這個規則深信不疑到這種程度？**遊戲設計者到底用了什麼設計魔法，誘使玩家相信這件事？為了解開這個秘密，我們也差不多該讓瑪利歐往右前進一步了。

往右前進

《超級瑪利歐》最大的規則就是「往右前進」。

讓瑪利歐往右前進幾步，本遊戲第一個敵人——**壞蘑菇**就會登場。用一張恐怖的臉從右邊出現的壞蘑菇，不斷往左邊橫著走逼近瑪利歐。

話說回來……為什麼壞蘑菇是橫著走？橫著走的生物頂多只有螃蟹吧？就生物來說明明相當不自然，為什麼遊戲設計者要刻意讓壞蘑菇橫著走呢？相信理由應該是「為了可以從正面看見那張恐怖的臉，徹底讓玩家知道自己是敵人」。如此可知**遊戲設計者是多麼徹底地進行情報傳達**。

那麼，請讓我在這裡提出一個重要的問題。**當玩家發現壞蘑菇的時候，他們的心情如何？**請回答。先說好，這個問題真的非常困難，就算答不出來，也請抱著輕鬆的心情繼續看下去喔！

順帶一提，「玩家的心情」這句話會一直在本書中出現。雖然很煩人，不過這是為了思考關於體驗設計，所以是無法避免的事。

壞蘑菇登場

「請回答〇〇的心情」感覺很像國語考試會出現的問題，不過**體驗設計其實就是思考他人的心情**。遊戲設計者無時無刻都必須思考自己想讓玩家感受到什麼樣的體驗、想要如何打動玩家的心。

所以玩家一看到壞蘑菇恐怖的臉便瞬間理解「這是敵人」。當問題變成「看見敵人有什麼感覺」的時候，答案通常會分成兩類。第一，想從敵人手中保護自己、想躲開、不想死……這是**防禦型**。第二，想對敵人出手、想靠近一點、想打倒對方……這是**攻擊型**。

只是很遺憾的，兩個都是錯誤答案。遊戲設計者的目的並不是想讓玩家感到害怕，也不是為了帶出玩家的攻擊性。追根究柢，遊戲設計者的目的其實都是讓玩家開心玩遊戲。

我們來轉換一下想法，從結論「發現壞蘑菇的時候，儘管知道那是敵人，但玩家還是覺得很開心！」這裡開始吧。**玩家看到壞蘑菇的時候覺得很開心**，我希望各位能思考一下為什麼會這樣……

玩家發現壞蘑菇的時候，心裡的感覺是……

壞蘑菇的存在讓玩家覺得很開心。

可能有人會認為「遇到敵人覺得很開心？這怎麼可能？」不過這個狀況確實有非常合理的解釋。重點在於**玩家遭遇壞蘑菇之前的心情**，現在馬上來整理一下。

遊戲一開始，玩家看著瑪利歐的方向、位置，以及山、草、雲等背景，心裡已經下意識地做出假設「大概是要往右走吧？」。然而這時充其量只是假設，畢竟畫面上又沒有大大地寫出「往右走」，所以**沒有證據也沒有自信**確定這個假說一定正確。

玩家最後還是下定決心往右前進。不過我再強調一次，玩家這時仍然處於「不知道往右走是不是正確答案」的狀態之中，所以**內心還是相當不安**。隨後玩家馬上發現壞蘑菇從右邊出現了！當心裡還在為了往右走是否正確而不安時，遇上了壞蘑菇……

好啦，我再問一次，發現壞蘑菇會讓玩家覺得開心的理由是什麼？

玩家自行做出「往右前進」的假設

在內心不安的狀態下往右走，馬上遇到壞蘑菇

假設獲得驗證之前，玩家一直都處於不安之中。

答案是「因為『往右走果然是正確的！』而感到開心」。往右走的這段期間，玩家的心理狀態其實一直都很不安，不知道自己的假設是否正確，想要快點確認往右走到底是不是正確答案。正因為如此，就算出現的東西是敵人，也還是會感到開心不已。

這個答案會不會讓你有種莫名煩躁的感覺？是不是覺得很奸詐呢？因為這個問題，光看壞蘑菇是答不出來的。重點在於壞蘑菇出現之前，玩家的心情如何……也就是所謂情感的脈絡。**情感脈絡才能決定體驗的真正意義**。

那麼，原本我們思考的問題應該是「為什麼玩家會對『往右前進』這個規則深信不疑到這種程度？」，而解開這個問題的關鍵，就在於發現壞蘑菇前的這一連串體驗。

建立應該是往右邊走的**假設，在不安的情緒當中實際嘗試，最後發現假說正確而感到開心**。試著把這一連串的內心起伏與流程整理出來吧。

因為不知道往右前進是不是正確答案而不安……

……所以不論是不是敵人，有東西出現就讓人開心

1 假設　自發性地建立「大概是〇〇這樣做？」的假設。

※不過，玩家並不知道這個假設是否正確。

2 嘗試　自發性地「試著做做看〇〇好了……」做出嘗試的行動。

※不過，玩家並不知道這個嘗試是否正確。

3 愉悅　自發性地因為「自己的預感〇〇果然沒錯！」而感到愉悅。

※至此，玩家才首次確認假說和嘗試是正確的。

建立假設，嘗試，再感到愉悅。瑪利歐從遊戲開始到壞蘑菇登場的**短短幾秒鐘之間，玩家的內心就已經出現這麼多變化**。反過來，若是從遊戲設計者的角度來看，就是在這短短幾秒當中設計了如此多的體驗。

值得驚訝的不只是設計的精密程度。親身經歷這一連串體驗的玩家，真的打從心底深信這裡學到的「往右前進」規則。至於到底有多堅定……簡單說就是**死也會相信**。只要能讓玩家相信到這種地步，應該就夠了吧。可是，為什麼會產生如此深厚的信賴？其理由如下。

短短幾秒鐘之間所體驗到的假設→嘗試→愉悅。

你會騎腳踏車嗎？

冒昧問一下，你會騎腳踏車嗎？……嗯？當然會騎啊？當你充滿自信、不帶任何疑問地回答之後，我想再問一個問題。

你騎腳踏車的方法，真的是正確無誤的腳踏車騎法嗎？

被人這樣正經地追問，整件事就會變得莫名有些不安了。腳踏車的騎法是跟專業人士學的……肯定不是這樣的吧？那麼為什麼剛剛你可以那樣自信滿滿地回答呢？

答案就在於，因為**你是靠自己的力量實際體會了腳踏車的騎法**。靠自己學習，靠自己學會，這樣當然會讓你擁有自信，而且毫不懷疑。

另一方面，若是學習過程中缺乏自己獲得的體驗，只學了別人教導的知識時，通常都會沒什麼自信。假設以前你還在練習騎腳踏車的時候，有人告訴你「只要加快速度就不會跌倒了！」，你會相信對方說的話，乖乖加快速度嗎？

像「加速」這種危險的建議，怎麼可能相信呢？要是加快速度，跌倒的時候就會更痛，而且又可怕！就算只是賭氣，想必你也會堅持絕不加速。然而在這段艱困的練習途中，要是你一不小心加快了速度，而且還一不小心前進了好幾公尺的話呢？這時你就會直覺地認為，搞不好加快速度就不會跌倒？試著加快速度好了……成功啦！

像這樣透過**「假設↓嘗試↓愉悅」**這種自發性體驗而了解的腳踏車騎法，會成為一輩子都無須懷疑的真理，融入自己的血肉當中。反過來講，你根本無法懷疑「自己會騎腳踏車」這件事。因為那是自己充分運用自己的五感、知識和認知，靠自己努力好不容易才從這個世上挖掘出來的真理，若是對此表示懷疑，就等於是在懷疑自己、否定自己。

靠自己自發性學習學會的事物，一輩子都會深信不疑。和學騎腳踏車一樣，《超級瑪利歐》的玩家也同樣自發性地透過假設↓嘗試↓愉悅這個體驗，直覺地認為「往右前進」並對此深信不疑。

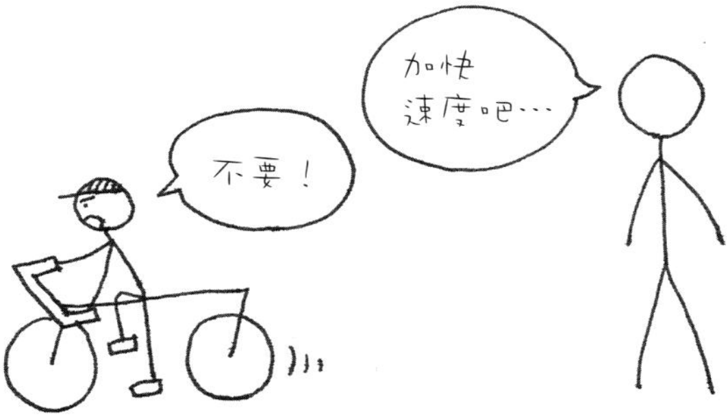

就算有人這樣說，你也不會相信

如果是自發學習而來的事物，一輩子都會深信不疑。

來把目前為止的討論內容整理一下。透過一連串的體驗，將情報傳達給玩家……就把這種體驗設計稱為「直覺設計」吧。

假設 讓對方建立「大概是○○這樣做？」的假設。
嘗試 讓對方產生「試著做做看○○好了」的想法並實際採取行動確認。
愉悅 讓對方因為「自己的預感○○果然沒錯！」而感到開心。

玩家靠自己的力量直覺地加以理解的體驗本身就是直覺設計的成果。不過，除此之外，其實還有另一個重要成果。

完整體驗一遍直覺設計後，玩家最後會感到愉悅，也就是心情變得愉快、興奮……問題來了。當玩家玩過某款遊戲之後，心情變得十分愉快，那麼讓玩家出現這種心情的遊戲，他們會如何評價它呢？

「這款遊戲，○○○○○！」

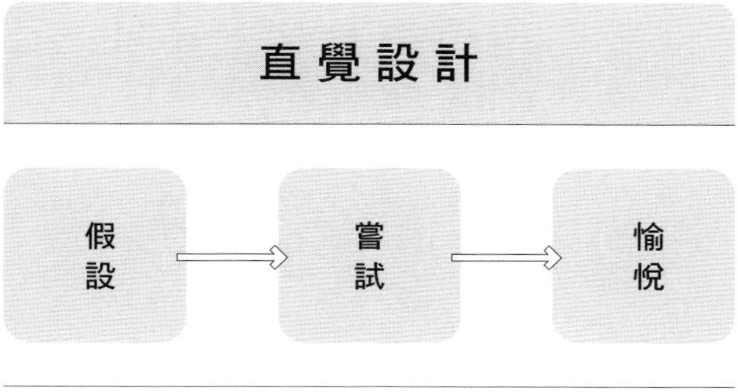

直覺設計模式圖

評價肯定是這樣：**「這款遊戲，超級有趣的！」**。直覺設計除了可以將情報直覺地傳達出去，還具備了「讓對方覺得有趣」這個重要功能。因為**直覺感受到的東西，就已經十分有趣了**。

強大到如此地步的直覺設計，**真要設計起來是非常累人的**。首先為了打造出第一步驟的假設體驗，就必須想出一個設計讓玩家自發性地做出「大概是○○這樣做？」的假設。

同樣的，第二步驟「嘗試體驗」和第三步驟「愉悅體驗」也都必須做出適當設計，讓玩家自然而然地出現「試著做做看○○好了」、「自己的假設是正確的！」的心情。

不能劈頭就發出「快做出假設！快點嘗試！這樣就行了！」之類的命令或指示，必須是出自自發性體驗的設計……老實說，看起來似乎相當困難，不過別擔心，只要遵守**唯一一個原則**就好。讓我們再次回到《超級瑪利歐》的開頭畫面。

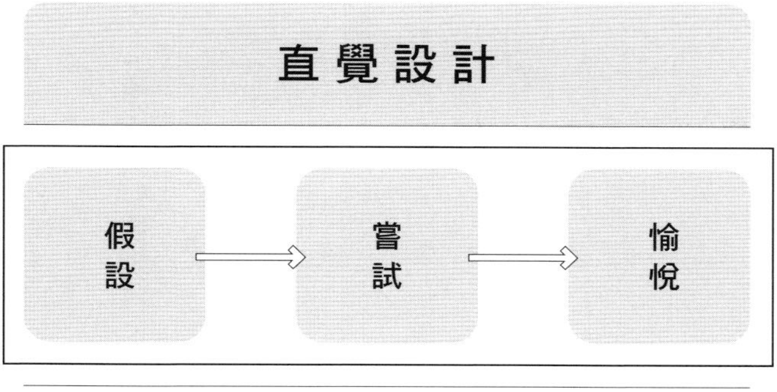

實際設計每個體驗的時候，應該遵守什麼樣的原則比較好？

我們總是下意識地從眼前這個世界裡獲取無數情報。以《超級瑪利歐》為例，就是瑪利歐面向右邊、左邊有山之類的情報，玩家的大腦就是根據這些情報做出「往右走應該沒問題」的假設。然而這時玩家又會再次下意識地發現一件事，那就是自己手中的把手，**上面明顯有個按鈕可以讓人往右走**。

說起來可能滿蠢的，不過一旦發現右方向鍵的存在，玩家就會無法克制自己不去按它。既然知道只要按了這個按鈕就可以驗證自己的假設，玩家自然無法抗拒自己聚焦在右方向鍵上的衝動。玩家是被自己大腦所想出來的「大概是往右前進？」的假設**強制操控**了。

遊戲並不是因為有趣才玩的，而是因為「不小心就想出來，不小心就玩下去」才玩的。我們的大腦隨時都在尋求假設，試圖讓我們做出嘗試。用個例題來說明吧！

明顯有個按鈕可以讓人往右走

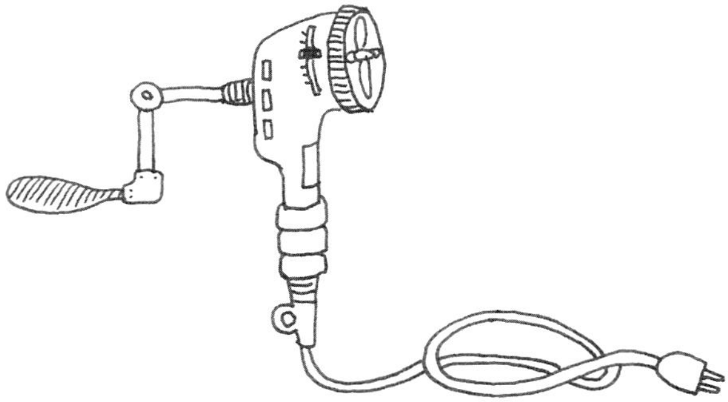

神秘的機械

請看右邊這張圖。這是一個看不出來是什麼東西的神秘機械，請一邊看著這張圖，一邊確認你自己腦中浮現出來的印象。

相信各位腦中的印象應該是這樣的：「是要轉動那個把手嗎？」、「要插插頭吧？」、「應該是要握住這邊？」在此先確認，我連一個字也沒有告訴各位「請思考這個機械該如何使用」，可是大家腦中想的都是「該怎麼使用」，對吧？

這個實驗，說明了我們的大腦其實具備了某種性質，那就是**我們的大腦隨時都渴望建立和下一個行動相關的假設，例如「大概是○○這樣做？」**。

這個思考模式其實已經有學術方面的整理，請容我在此說明心理學和認知科學當中常用的**「直觀性(Affordance)」**這個概念。

直觀性最原始的定義是「環境賦予動物的意義」……總覺得難度太高，我們直接徹底簡化好了。意思就是**你看到某個東西時，心中出現的「大概是○○這樣做？」的心情**。

然而身為人類的你，看見神秘機械的時候確實會出現「大概是○○這樣做？」的想法，但是同樣的東西拿給狗看，相信牠肯定不會有任何感覺。認知物（神秘機械）和認知者（你或狗）必須兩者兼備，直觀功能才能獲得實現。

另外追加一個經常和直觀性一起思考的概念**「意符（Signifier）」**，指為了傳達直觀性而特殊化的情報。若是以《超級瑪利歐》為例，瑪利歐的形狀、位置，還有山和草都屬於意符。不，正確來說，畫面上幾乎所有東西都可以說是意符。

直觀性和意符，這兩個概念也可以用來說明本章一開始**「孩子說《超級瑪利歐》看起來不有趣」的理由**。

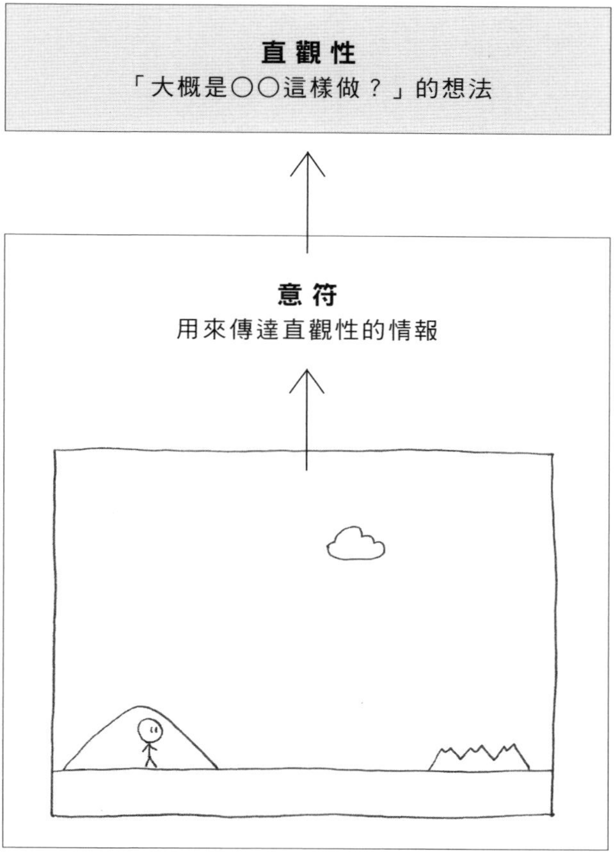
直觀性
「大概是〇〇這樣做？」的想法
意符
用來傳達直觀性的情報

意符傳達直觀性。

為了傳達「向右前進」這個直觀性，所以《超級瑪利歐》在開頭畫面裡塞滿了意符。另一方面，這也表示設計者選擇不傳達直觀性以外的東西。此處所犧牲的東西不是別的，正是「這款遊戲看起來很有趣」這一點。因為遊戲設計者無論如何都要優先傳達「往右前進」這個規則，**甚至連「讓玩家覺得很有趣」這件事都必須因此捨棄**。

先前在實驗中詢問孩子《超級瑪利歐》看起來是否有趣的時候，其實還做了另一個實驗：只是讓孩子看一看《超級瑪利歐》的畫面，**沒有詢問**是否有趣，這時**孩子們會自發性地大叫「往右走看看！」**。

沒有任何人下達命令或指示，甚至沒有證據顯示眼前這款遊戲其實很有趣，但孩子還是自然地接收情報開始玩。這個例子完全證明了遊戲所擁有的力量，誠可謂遊戲真正應有的樣貌，甚至讓人感動不已。

身為遊戲設計者，其實可以依照自己的意思就做出華麗的呈現。只要裝飾再裝飾，讓玩家留下好到不能再好的印象當然也不是問題，可是……

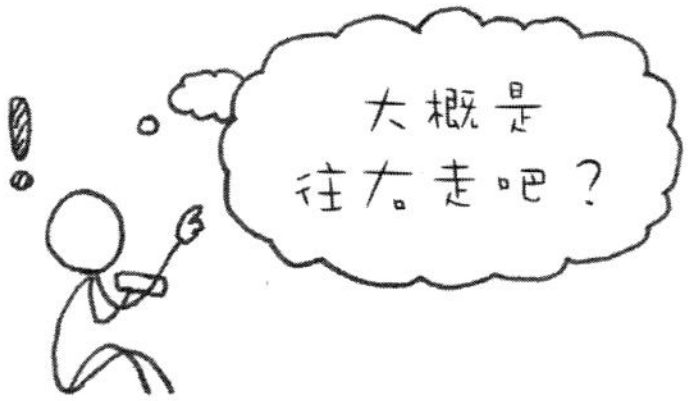

在讓玩家覺得「看起來很有趣」之前先讓他們「往右前進」

裝飾得越多，原本用來傳達最重要的直觀功能「大概是往右走？」的意符就會被蓋過。這就是遊戲設計者為什麼要把所有裝飾統統剔除的原因，連讓人覺得「看起來很有趣」的要素也一併捨棄，完全集中在**告訴玩家「該做什麼才好」**這件事上。這正是一個遊戲設計者被要求達成的最大試煉。

企劃遊戲這項商品的時候，**設計者心中無時無刻都充滿著強烈的不安：「要是玩家不認同該怎麼辦？」**一旦遊戲設計者敗給不安感，就會在遊戲裡加進各式各樣無用的裝飾，結果就是做出一款不知道該做什麼的遊戲，也就是所謂的爛遊戲。

但《超級瑪利歐》不一樣。正因為它成功地傳達出「往右前進」這個唯一的情報，這才讓全世界的玩家們得以踏出冒險的第一步。

不，這個例子其實並不局限於冒險的第一步，直覺設計其實隨時都在溫柔地引導玩家，朝著一次又一次的冒險前進。

我不希望自己做的東西被客人批評，也不希望被無視。
總之我不希望自己做的東西被人討厭，就算一秒也不想被討厭，
不想被世界上任何一個人討厭。
因為自己做的東西被人否定，就等於是自己被人否定。
我最想避開的就是被人討厭的悲傷之情，還有自尊心受創的傷痛。
對了，把商品裝飾得豪華一點吧。讓外觀看起來帥氣又華麗吧。
音效也弄得豪華一點，每個地方都插進動畫畫面吧！
想辦法傳達出這個商品做得很棒喔！是最受矚目的商品喔！
買了絕對不會後悔喔！花了很多錢喔！
只要這樣做，我就永遠都不會被人討厭了。
再說遊戲不玩怎麼會知道有不有趣呢。
花了這麼多時間心血才做好，要是在開打之前就被人討厭，
肯定不可能重新喜歡上這款遊戲的吧……
既然如此，發售前先公布在 SNS 還有媒體上面的遊戲畫面的
華麗程度，才是最重要的吧？
我的上司和同事一定會覺得很高興，這樣做果然沒錯。
只要做出豪華的裝飾，我的不安肯定就會消失。
不安真是討厭啊……

往右走幾步，首先登場的是壞蘑菇和上面畫著「？」的磚塊。接下來還有蘑菇、水管、地面坑洞、金幣……每一次都讓玩家產生名為直觀性的假設，加以嘗試，最後感到愉悅。那個模樣，簡直就像是不斷收集地上橡果的小孩子。每前進一步就能發現下一顆橡果，每發現一顆橡果就自己動手撿起來，進而串起一連串的體驗……**直覺設計的連續發生**，這就是設計使用者體驗時最基本的策略，同時也是基本構造。

由於每個直覺設計都一定包含著愉悅，所以玩家每突破一次直覺體驗，情緒就會跟著一點一點地高漲起來。像這樣持續高漲到**突破某個程度時，玩家就會有意識地自覺到「這遊戲真是有趣」**……這一瞬間就是遊戲設計者的終極目標。

遊戲設計者就是為了抵達這個終點才把許多直覺設計串聯在一起，然而單純的串聯是收不到效果的，所以接下來就來看看串聯直覺設計時必須注意的三個重點吧！

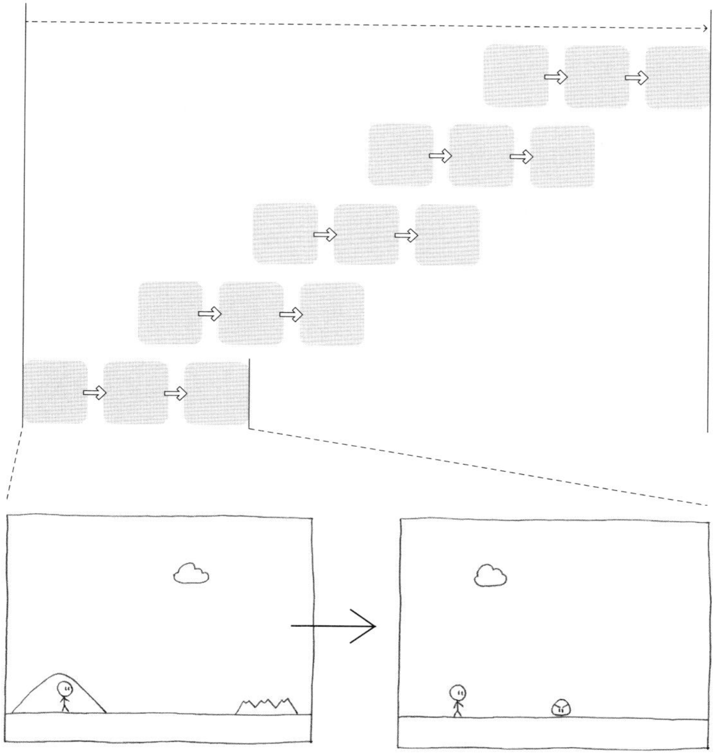

直覺設計的串聯

體驗設計的基本策略就是直覺設計的串聯。

第一個重點，必須用直覺設計填滿一定長度的時間。舉個例子，假設各位正在玩某款遊戲，請問你**最短會在多久時間之內感覺到「真有趣」**？相信快則幾分鐘，慢則需要幾十分鐘吧。這些時間全部都必須用直覺設計填滿才行。

第二個重點，每個直覺設計都必須在短時間之內結束。直覺設計是從建立假設開始，然而在確定假設正確之前，這會讓玩家一直處在不安的情緒當中。舉個例子，當你讓瑪利歐不斷往右走，而前方卻一直都是空無一物的平坦地平線的話？玩家肯定會陷入不安，**頂多十秒就會關機了吧**。這就是為什麼每個直覺設計都必須盡可能越短越好。

再來第三個重點是每個直覺設計都必須逐漸提高玩家抵達愉悅體驗的成功率……這有點難，就用實驗來讓各位感受一下吧。當你**翻到下一頁，右邊頁面上會寫著某些東西**，你只要一直看著那個就好。那麼，我們出發吧！

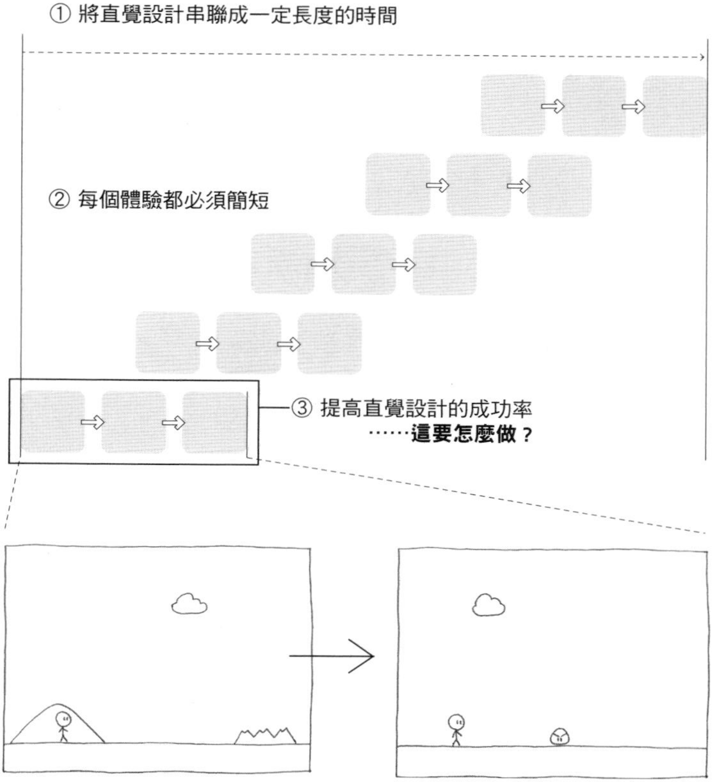
① 將直覺設計串聯成一定長度的時間
② 每個體驗都必須簡短
③ 提高直覺設計的成功率
……**這要怎麼做？**

串聯直覺設計的三大重點

務必確保每個簡短的直覺設計能串聯成一定長度的時間。

1 + 1 = ?

※ 請盯著上面這行字 5 秒鐘以上，
然後再看左邊的文字內容。

感謝你的協助！

那麼現在來提問。請問你盯著右頁內文的時候，腦中有浮現出什麼東西嗎？**相信絕大多數的人應該都在無意識當中想著「2」**，我說得對嗎？

為了以防萬一，希望各位都能確認**我完全沒有拜託各位「算出答案」**。可是不知為何大家都擅自把答案算出來了……很不可思議吧。

可能有人會覺得「真是無聊的實驗」，但我要請各位稍安勿躁，這個實驗還有後續。下一頁也有畫出兩個東西，請依照右頁實驗的要領，盯著它們看就好。

那麼，我們現在出發吧！**（先說好我完全沒有要各位「算出答案」喔。）**

「1+1」是任何人都忍不住去算的問題。

$$28 \times 4 = ?$$

$$39271 \div 23 = ?$$

上排的問題，感覺是超級誘人的絕佳難易度呢……最後還是忍不住算出來了嗎？相信有些人會因為手癢直接心算，也有些人是打定主意「絕對不算、絕對不算……」強行忍下來了吧。

至於**下排的問題，肯定沒有人想要算出答案吧**？姑且不論擅長心算的人，絕大多數人應該連試圖解題的衝動都沒有。不管盯著它多久，都沒有想要解題的欲望。

透過這個實驗，各位的內心當中產生什麼變化了呢？實驗中出現的三個問題，全部都是單純的計算題，可是有的題目幾乎所有人都會下意識地解開，也有題目幾乎所有人都不想動腦算。**同樣是計算問題，卻可以讓我們人類的行動出現如此巨大的差異**，這到底是為什麼？

因為太理所當然，導致很難用文字描述。我們會想要算出 1＋1 的答案，卻不想計算 39271÷23 的理由，那就是……

改變人類行動的理由，就**在於是否單純簡單**。眼前的事物如果非常簡單，人就會擅自動腦解開它。相反地，如果覺得眼前的事物十分複雜困難，人就不會興起想要解開的念頭。

像左邊這頁所寫的東西也是……啊啊，無論如何就是會知道答案呢（笑）。即使明知道沒有人要求自己解開問題，而且解開這種問題明明沒好處，又沒有多大樂趣。

為了提高直覺設計的第一步「假設體驗的成功率」，其**絕對條件就是體驗本身必須既單純又簡單**。關於這一點，《超級瑪利歐》的開頭畫面當然是單純到無可挑剔，其中設計的問題也同樣簡單到所有人都會理所當然地認為「大概是往右走吧？」。

正因為既單純又簡單，才有辦法建立假設。直覺設計的第二步「嘗試」的關鍵也同樣在於單純簡單。

原則	利用單純且簡單的體驗讓人產生「直覺」

〇川家康

單純且簡單正是創造直覺的關鍵。

若是想讓玩家建立正確的假設，同時提高正確嘗試的機率，就必須讓他們想到一個明確的直觀性。關於這方面，把手上的十字方向鍵極為重要。不管怎麼看，玩家眼前就是明顯可以操縱上下左右方向的十字方向鍵，這份認知會將玩家的假設轉變成實際嘗試的力量。

「往右前進」這個直觀性並不只是從遊戲畫面當中誕生。舉凡名為「紅白機」的遊戲主機以及十字方向鍵的設計都非常地單純而簡單，所以才能成功讓遊戲與主機合為一體，共同傳達出直觀性。

促進直覺設計成功的關鍵，就是單純而簡單這個大原則。複雜又難解的東西其實人人都能做出來，不過**做出單純且簡單的東西才是真正困難的事**。遊戲業界長久以來所累積的，正是一部為了製作單純而簡單的東西的苦難史。

遊戲畫面和把手合而為一，共同傳達出直觀性

過去的遊戲受限於製作技術，所以會把敵人和夥伴統統擠在一個畫面裡，感覺世界真的很狹窄。然而為了去除這個限制，誕生了讓整個畫面上下左右移動的劃時代新技術，這就是所謂「捲軸」。多虧如此，遊戲終於獲得了遼闊的世界。

可是捲軸這個新技術也有它的問題，那就是**遊戲一定要讓玩家知道畫面會朝著哪個方向捲動**。解決方法有二，首先是在遊戲一開始，就讓畫面自動朝著指定方向捲動；第二個方法則是讓玩家自行發現捲動方向……也就是《超級瑪利歐》所採用的解決方法。

即使是捲軸這種新技術，如果不能讓玩家瞬間上手就沒有任何意義，必須讓一個困難的技術變得單純而簡單。如何將新技術設計成一玩就上手的遊戲，正是展現遊戲設計者智慧的地方。

再介紹一個遊戲製作技術和遊戲設計者通力合作的例子吧！

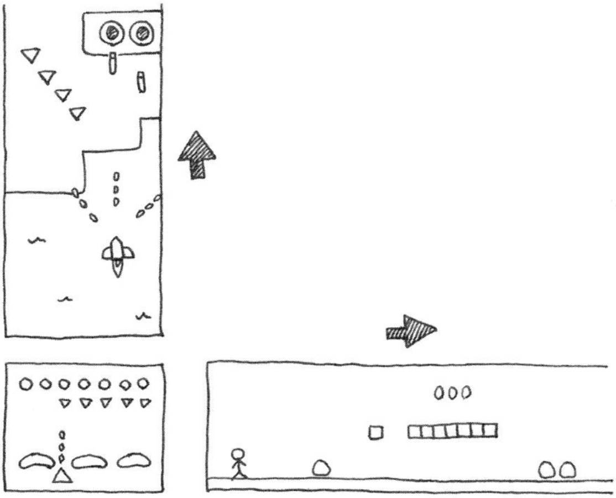

出現「捲軸」這個新技術

新技術若是傳達不出去也是枉然。

以前的遊戲，因為可使用的遊戲容量非常小，所以只能實現最簡單的體驗。不過隨著新技術開發，容量漸漸變大，遊戲當中開始出現無數的物件，例如數量龐大的道具和各式各樣的武器。**在提供豐富遊戲內容的同時，遊戲本身也跟著變得越來越複雜**，而這就是必須多下工夫的地方。

《超級瑪利歐》裡也有出現四種物件：蘑菇、花朵、星星、1UP蘑菇。

另一方面，《超級瑪利歐》共有八個世界，各有四個關卡，總共有三十二關，是一段漫長的

①分散各自登場

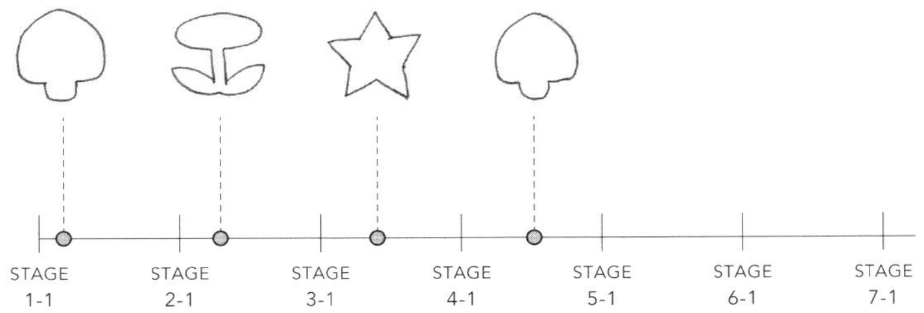

旅程。

那麼問題來了。從所有關卡的角度來看，這四種物件第一次登場的時機最好配置在什麼時候比較好？

請從下列兩個選項當中選出答案。不過這個問題其實意外地有些難度，請多多注意。

①**分散**在遊戲初期、中期和晚期**各自登場**。

②讓四種物件**全部集中在第一關**出現。

②全部集中在第一關

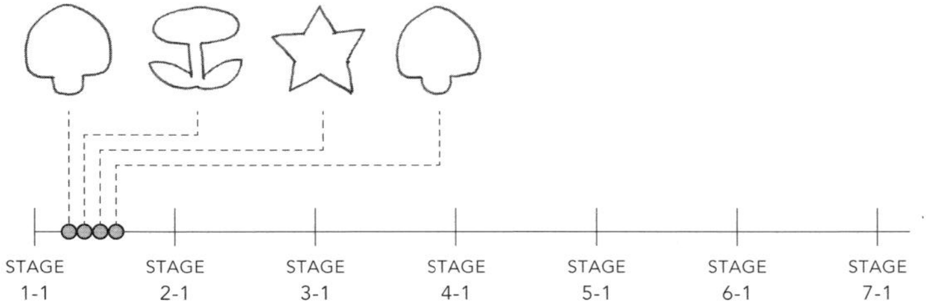

該怎麼配置這四個物件？

讓人意外的是，答案是②「讓四種物件全部集中在第一關出現」。乍看之下，這設計似乎有點不合常理，不過確實是有正當理由的。

學習心理學當中有個現象叫作**「初始效應」**，指的是長時間進行學習的時候，最開始的集中力和學習效率會特別高。《超級瑪利歐》就是趁玩家集中力最高的遊戲開頭，讓四種物件集中出現，藉此迴避其複雜程度和難解程度。

再舉一個例子吧。當我們請以前玩過《超級瑪利歐》的人說出自己的回憶時，你覺得最常聽到的敵人角色是誰？那就是最弱的敵人壞蘑菇，出現頻率幾乎和宿敵庫巴差不多。因此可以合理推測，**在遊戲一開始，也就是玩家集中力最高的時候出現的壞蘑菇，玩家專注於學習的程度比遊戲尾聲才出現的庫巴還要高**。

壞蘑菇雖然弱，但卻是最重要的敵人。我們可以從遊戲開發趣聞當中看出這一點。

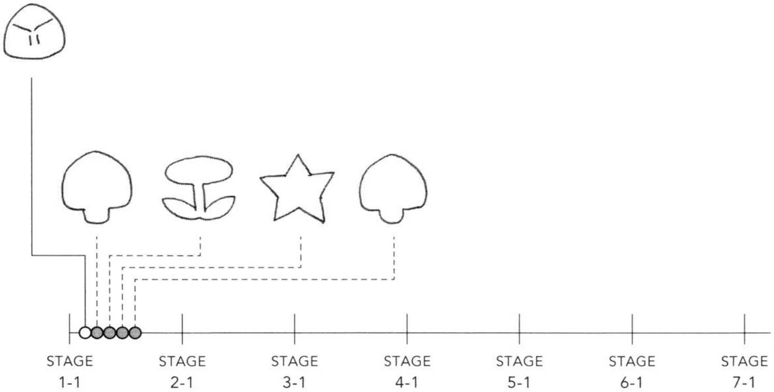

趁初始效應發酵時讓玩家學習

複雜難解的情報必須善用初始效應加以傳達。

這款遊戲的設計者是任天堂的宮本茂先生，他是首屈一指的遊戲設計者，聞名全世界。宮本先生**在開發《超級瑪利歐》時，一直到最後的最後一刻才做出來的敵方角色正是壞蘑菇**＊。

壞蘑菇誕生之前，最弱的敵人是名字叫作慢慢龜的烏龜角色。打倒方式和壞蘑菇一樣踩下去就好，只是打完之後龜殼會留在原地。只要把龜殼踢出去，它就會變成武器，可是當它反彈回來撞到瑪利歐，就會讓瑪利歐死掉，是個相當複雜的敵人。

至於**只要踩一次就會徹底消失的簡單敵人「壞蘑菇」**則是在開發最末期才誕生出來的，再加上壞蘑菇還背負著「這款遊戲最重要的規則就是往右前進」這個最要緊的訊息功能，如此便可以理解為什麼大家都記得它。

壞蘑菇是為了被踩死而誕生的。不，其實不只壞蘑菇，出現在遊戲裡的所有敵人都是為了被玩家打趴才存在的。

＊社長發問《New Super Mario Brothers Wii》出自 https://www.nintendo.co.jp/wii/interview/smnj/vol2/index5.html

對玩家而言，遊戲裡堆滿了提供給自己的墊腳石，充滿了學習機會。相信這就是小孩熱愛遊戲的原因。因為所有世代當中最渴望學習體驗的就是小孩。

對所有新事物感興趣，不畏失敗持續挑戰，近乎貪婪地學習……擁有這些特質的孩子們喜歡玩遊戲，可說是遊戲成功創造出學習體驗的最佳證據吧。尤其是《超級瑪利歐》這款遊戲，儘管**沒有使用任何文字**，卻能為世界各國的男女老少創造出直覺的學習體驗，是最完美的例子。

全世界的人都開開心心地學習，朝著同一個方向前進……可能只有我會覺得這根本就是世界和平？

好，接下來，就讓我用另一款遊戲來說明直觀功能的創造範例。與《超級瑪利歐》並稱的另一款任天堂代表作品**《薩爾達傳說》系列，以下是出現在《薩爾達傳說：時之笛》（一九八八年，任天堂）裡的一個場景**。

壞蘑菇是在開發最末期才設計出來的。

主角林克掉入深坑，眼前是個綿延的洞穴，他正因為無法前進而傷透腦筋。唯一一個看似可以前進的門扉被巨大蜘蛛網擋住了。林克試著用手中的劍砍過去，但蜘蛛絲又乾又硬，劍噹的一聲彈開。接著用自己在冒險途中拿到的木棍去試，當然也沒有任何效果。林克在一根孤單的燭臺火焰照耀下，束手無策地站在原地。

問題來了。**該怎麼做，才能突破這條死路繼續前進？**請想個辦法吧！

先給個提示。

其實在這個場景之前，玩家就已經遭遇過這個機關：踩住地板上的開關，**燭臺**就會**點火**，燒掉原本蓋在燭臺上面的蜘蛛絲。

說到這個，林克手裡除了劍以外還有**木棒**嘛……

擋住去路的蜘蛛網

雖然這題目有點麻煩，不過正確答案是**「用木棒引火，燒掉蜘蛛網」**。雖然看過提示，不過能解開這題的各位真是太敏銳了！

玩家毫無疑問地掌握了「蜘蛛網擋路」、「手裡有木棒」、「燭臺點了火」這幾個獨立情報，但是要把它們全部組合起來則相當困難。也因為如此，試著拿木棒靠近燭臺時發現火點著，還有用火燒光蜘蛛網的時候，更是讓人格外喜悅。

為了打造這樣的體驗，遊戲設計者做了什麼呢？設計者小心翼翼地設計了外觀和聲音，讓「蜘蛛網的後面有一扇門」、「棍子的材質是木頭」、「劍無法砍斷蜘蛛絲」等情報變得更明確。畢竟這些都是解開謎題所需的拼圖，絕不容許出現任何傳達失誤。

另一方面，設計者其實也放棄傳達一件他們認定所有玩家都應該知道的事情。那就是不論玩家是誰，**照理說每個人都知道「木頭會燃燒」這件事**。

劍和木棒無法破壞蜘蛛網

用木棒引火，燒光蜘蛛網

遊戲設計者放棄傳達給玩家的情報。

如果玩家全部不知道「木頭會燃燒」，那麼他們肯定不會想玩這款遊戲。也就是說，**只要能掌握所有玩家都擁有的記憶，就能從該處設計出體驗**。

玩家的記憶，那是每個玩家在自己的人生當中拚命學來的東西。直覺設計就像是在玩家如大樹般茂密的記憶枝葉上進行接枝，與玩家累積至今的人生相互接軌，連結上全新的直覺性學習。

正因為如此，玩家在解開謎題的瞬間可能會出現自己的人生彷彿獲得肯定的感覺也說不定。誰叫遊戲這種東西就是**想讓玩家出現「我腦筋真不賴、我超厲害！」之類的心情**啊！

好啦，我們已經看過瑪利歐和薩爾達兩款遊戲的設計範例，兩者的共通點就是本章的主題──直覺設計。不過說到直覺設計的原動力，**瑪利歐和薩爾達卻是大不相同**。

關於「木頭會燃燒」的記憶

↓

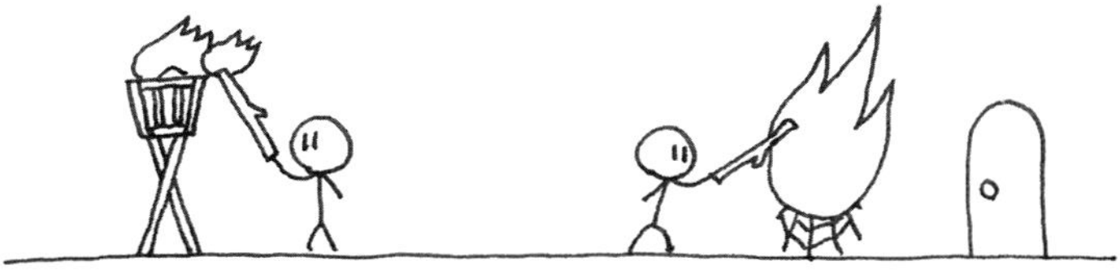

如果沒有「木頭會燃燒」的記憶存在，
這個設計就無法成立

以下各自整理瑪利歐和薩爾達促進直覺產生的原動力是什麼。

- 瑪利歐的範例是利用**人類共通的大腦與內心的特性**。
- 薩爾達的範例是利用**人類共通的記憶**。

這兩個不同手法之間仍然存在著共通點，那就是必須充分理解人類。我們人類擁有哪些共通的特性？擁有哪些共通的記憶？如果不知道這些，就無法設計出體驗。

如果設計體驗的遊戲設計者只依照自己的感性與記憶進行設計，就無法提供更好的體驗。如果真的想設計出所有人都能開心遊玩的通俗體驗，就要了解「玩家的大腦與內心擁有什麼樣的特性？」、「玩家擁有什麼樣的記憶？」……**必須以玩家為起點進行設計**。

相反的，沒有以玩家為起點的設計會是什麼呢……

實現直覺設計的條件是人們的共通點。

完全沒考慮玩家，而是自認為「一般來說這樣就是好東西」、「以常識來說這應該就是正確的」，**大肆主張「優秀、正確」觀念的設計**……這正是遊戲設計者最容易落入的陷阱。

不論什麼樣的名作，直到實際體驗之前，玩家都無法感受到有趣之處。讓玩家感覺有趣的絕對條件就是一定要引導玩家直到「理解」遊戲方式。也就是說**「理解」比「優秀、正確」更重要**。

順帶一提，在業務現場經常可以聽到「站在使用者的角度」

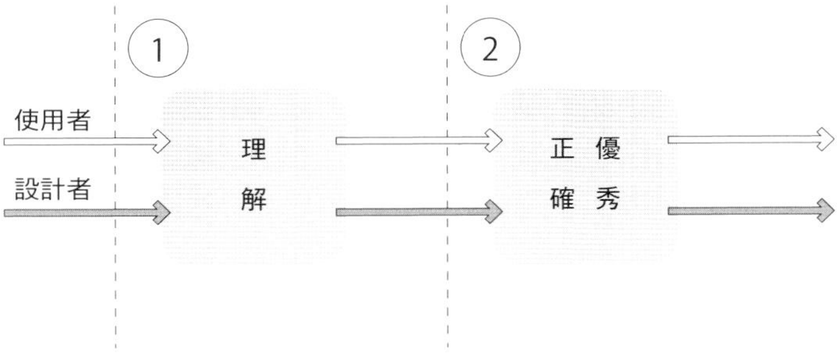

站在使用者的角度

的說法。乍聽之下似乎是個了不起的主張，但具體該怎麼做才能站在使用者的角度則是懸而未決。針對這個問題，本書的回答是這樣的。

想要站在使用者角度，就必須依照使用者的體驗順序「『理解』→『優秀、正確』」來決定優先程度。**比起傳達商品和服務的「優秀、正確」，更應該優先讓使用者直覺理解自己和商品服務之間的關聯性**。我認為這才是「站在使用者角度」真正的本質。

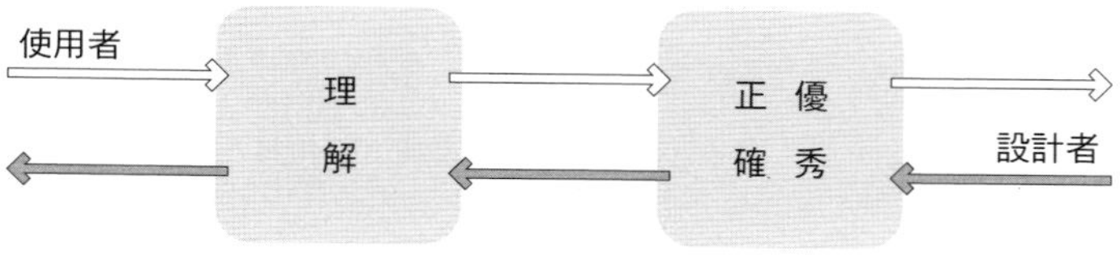

沒有站在使用者的角度

「優秀、正確」是設計者的自我中心作祟。

我在這一章的開頭問過這個問題。

「人為什麼玩遊戲？」

感覺聽起來有點像是哲學問答，不過以下是本書的回答。

不是因為遊戲本身很有趣，
而是玩家自己直覺感受到的體驗很有趣，所以才玩的。

我們的大腦隨時隨地都想要理解這個世界，而大腦之所以喜歡遊戲，是因為遊戲能帶來「直覺性理解」這項體驗的關係，同時也可說是站在玩家角度進行體驗設計的成果。

直覺設計正是構成這項體驗的根基。只是老實說，直覺設計還是有弱點的……第二章是「驚奇設計」，我們將針對這個和直覺設計一體兩面、彼此互補的體驗設計進行討論。

直覺設計

原則	利用單純且簡單的體驗讓人產生「直覺」

假設 → 嘗試 → 愉悅

利用人們的共通點
- ① 大腦與內心的特質
- ② 共通的記憶

第 1 章　直覺設計總整理

是「直覺」這項體驗本身很有趣。

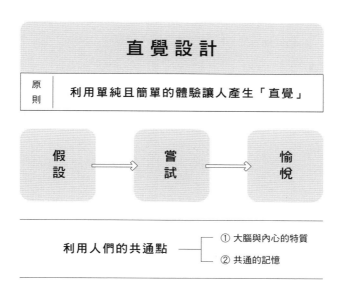

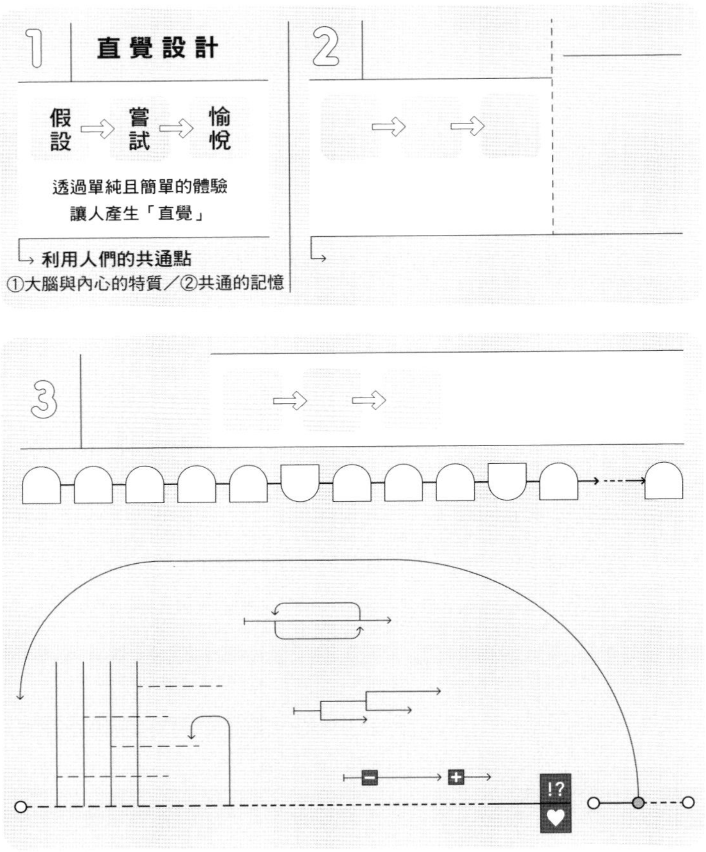
1
直覺設計
假設
嘗試
愉悅
透過單純且簡單的體驗
讓人產生「直覺」
利用人們的共通點
①大腦與內心的特質／②共通的記憶
2
3
!?

第2章

人為什麼會「忍不住就沉迷其中」？

驚奇設計

哪一款遊戲，會讓你即使已經睡眼惺忪也還是想硬撐著熬夜打完？我猜這個調查的第一名，應該會是與瑪利歐並稱、足以代表日本的不朽名作《勇者鬥惡龍》系列（本書簡稱為「ＤＱ」）。

ＤＱ是角色扮演類遊戲的代表，玩家可化身為故事主角進行冒險，最大的賣點就是任何人都能輕鬆上手。可是仔細看，就會發現遊戲畫面上全是文字和數字，看起來像是充斥著專業術語和特殊規則的複雜遊戲。

為什麼ＤＱ如此複雜，卻可以讓我們寧可不睡也要玩下去？秘密就在於這其實是刻意為之、有計畫性的體驗設計。

勇者鬥惡龍
・II・III・IV

DRAGON QUEST, II, III, IV
1986 ENIX, 1987 ENIX, 1988 ENIX, 1990 ENIX

CASSETTE

考慮到遊戲公司的相關著作權，本書在講解體驗設計的時候
不會使用實際遊戲畫面，而是以示意圖呈現。
如果想確認真正的遊戲畫面，請參考著作權所有人所公布的
官方遊戲畫面，或是直接玩該遊戲。

第二章將會以ＤＱ１到４（為方便閱讀，系列名稱以阿拉伯數字呈現）為主題，思考何謂「驚奇設計」。首先就來分析**ＤＱ１的開頭內容**，順便複習第一章「直覺設計」吧。

玩ＤＱ之前，一定要先了解畫面右上方的八個**「指令」**。它代表的意思是玩家對遊戲主角發出的命令和指揮。為了讓玩家率先理解指令內容，設計者在遊戲一開始便置入了滿滿的直覺設計。

主角勇者在國王的命令下，踏上打倒龍王的旅程，可是當他想要走出房間時，門卻是鎖著的。不管怎麼走來走去，**遊戲都無法繼續進行**。試著按下Ａ鍵，出現了指令一覽表，閃爍的游標指著「交談」這行字，而眼前正好有個站著不說話的士兵。這麼說來，剛剛國王好像有說「士兵會告訴你之後怎麼走」……玩家想起了這件事，再根據這些情報，玩家自然而然就會……

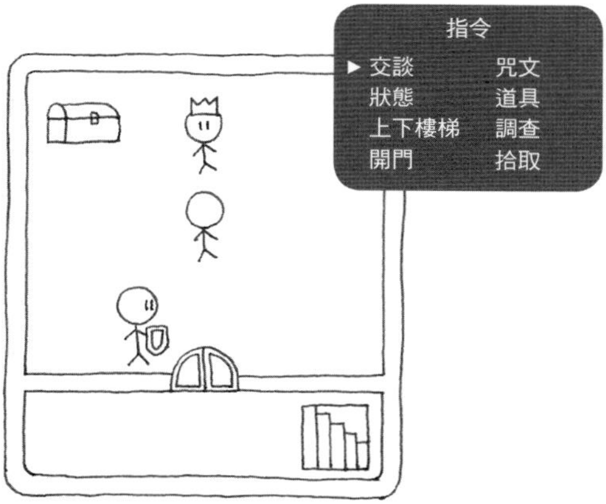
指令
▶交談
咒文
狀態
道具
上下樓梯
調查
開門
拾取

《勇者鬥惡龍》的開頭

做出「只要對著士兵使用『交談』指令就可以了吧？」的假設，進行嘗試，最後得到「果然可以問問題！我知道該怎麼繼續進行了！」的愉悅之情。

同樣的做法，玩家接下來就是在目前所在地進行「調查」，從寶箱裡「拾取」鑰匙，想用鑰匙開門的時候就選「開門」，樓梯則是使用「上下樓梯」的指令。**必須一次了解五個指令的使用方法和效果，否則無法離開國王的房間**。選用這種設計的理由，我想應該是為了徹底活用初始效應，以便更有效率地傳達規則。至於「明明是國王的房間卻從外面反鎖」這種毫無道理可言的設計，當然也都是為了讓玩家直覺地了解規則才做的。

DQ不但讓我們見識到如此精密算計的設計，它同時也被稱為遊戲教科書，主要劇情「打倒龍王的冒險之旅」更是王道中的王道。

然而這款教科書等級的國民王道遊戲，裡面卻出現了**完完全全非教科書內容**的東西。

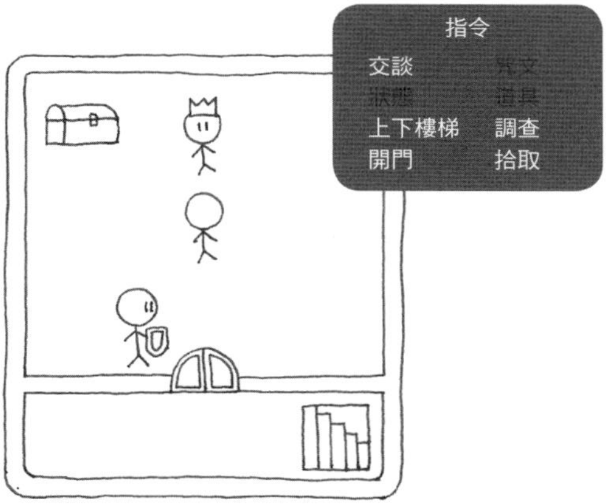

遊戲開頭就讓玩家一口氣使用五個指令

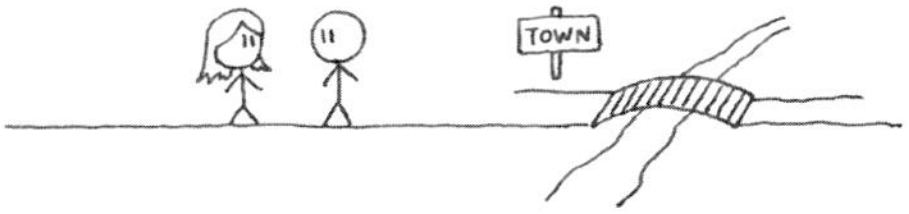

＊「來嘛，小朋友。
如果想要啪敷啪敷，
只要 50G 喔。

啪敷啪敷

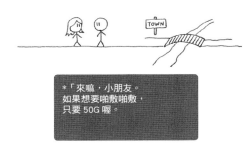

「啪敷啪敷」。這個安排牢牢抓住了許多遊戲玩家，尤其是青少年的心。在此將ＤＱ1到４的啪敷啪敷登場橋段整理出來，順便介紹一下。

ＤＱ1『來嘛，小朋友。如果想要啪敷啪敷，只要50Ｇ喔。』
ＤＱ2『欸，人家可愛嗎？那麼要不要來啪敷啪敷一下？』
ＤＱ3『哎呀～英俊的小哥！欸，來啪敷啪敷吧。』
ＤＱ4『咦？你問我這裡是不是啪敷啪敷專區？呵呵呵，這是秘密唷！』

關於「啪敷啪敷」本身並沒有詳細說明……不過各位應該都能心領神會吧！

我想強調的是，ＤＱ的內容是善良勇者打倒邪惡化身、劍與魔法的冒險故事，基本上是很嚴肅的。但遊戲設計者卻故意在這種氣氛下做出「啪敷啪敷」這種有點色色的橋段，腦袋到底在想什麼？不過話說回來，既然設計者已經做出讓啪敷啪敷登場的決定，那麼**這其中一定有某種理由**，我們就用這個理由來設定問題吧。

為什麼一定要把啪敷啪敷安插在遊戲裡不可呢？

這問題乍看之下有點無聊，但其實相當困難。為了掌握解開問題的線索，我們來回想一下第一章。還記得第一章裡，我們是透過推測玩家在壞蘑菇登場前後的心情來突破困境的，對吧？

所以我們的第一步就是把啪敷啪敷登場之前的流程簡單整理出來。

DQ1　第一次過橋，和強大魔獸戰鬥獲勝之後，在下一個城鎮出現。
DQ2　第一次和三位同伴一起挑戰地宮過關後，在下一個城鎮出現。
DQ3　第一次打倒強敵甘達坦之後，在下一個造訪的城鎮出現。
DQ4　第一次只和女性角色一起冒險時，在啟程之鎮的夜晚出現。

你有看出什麼隱藏涵義了嗎？為了讓印象變得更明確，我們先把注意力全部集中在DQ1的例子上，做出更詳細、更具體的分析。

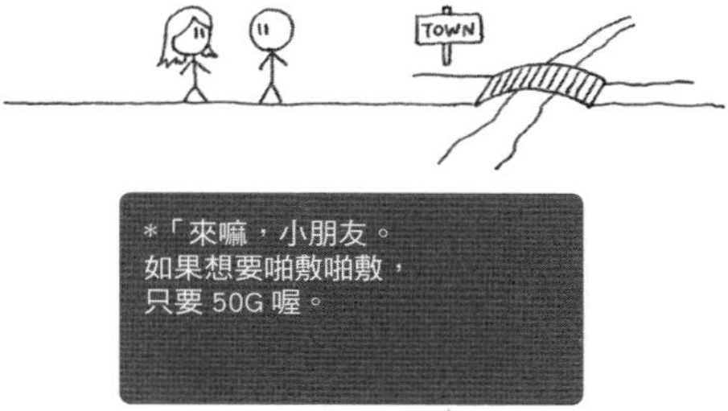
TOWN
*「來嘛，小朋友。
如果想要啪敷啪敷，
只要 50G 喔。

為什麼要啪敷啪敷？

試著分析啪敷啪敷的意圖。

ＤＱ１開頭，玩家學會了八個指令當中五個指令的效果，最後總算成功離開國王的房間。然而，**之後的遊戲內容也一樣充斥著學習**。走過兩個城鎮、兩個洞窟、兩座橋之後，「啪敷啪敷」在新大陸登場，可是抵達該處的路途異常險峻，若是不能靈活運用剩下的三個指令「狀態」、「道具」、「咒文」就無法突破。

來到這裡，原本只會用劍的勇者也總算學會一邊活用道具和魔法一邊進行冒險，獲得了成長，進入真正的「劍與魔法的冒險故事」。

勇者的成長……真是個好故事。可是在此之下，有一個人蒙受了不少損失，那個人就是玩家。到目前為止，玩家**一直被迫學習指令的使用方法等專業知識，完全沒有停下來**。這就像是被迫持續不斷地學習而且沒有休息時間，最後終究會覺得疲憊、厭煩。

疲憊和厭煩，這就是直覺設計的致命性缺陷。

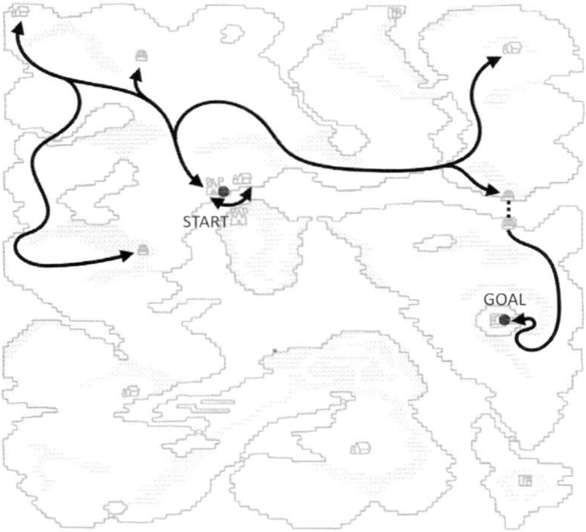

從起始地點到「啪敷啪敷」的路線

包含在直覺設計當中的「假設↓嘗試↓愉悅」三個小型體驗當中，假設和嘗試體驗會帶給玩家壓力，不知道假設是否正確的不安，以及實際嘗試只有假設存在的事情時所感受到的不安。換句話說，體驗過直覺設計的玩家，其**心動模式是「不安↓愉悅」**。所以當直覺設計一再反覆出現時，玩家的內心也跟著不斷反覆不安與愉悅……會覺得疲憊也是無可厚非。

還有一點，不論直覺設計做得多用心、多仔細，如果一直反覆同樣的體驗，玩家當然會覺得厭煩。唯獨這個問題是怎麼樣都躲不過的，因為**大腦這個東西，就是設計成反覆接受同樣的刺激之後，反應會變得越來越弱**。心理學稱這個現象為心理飽和或習慣化，其科學性機制也不斷被科學家整理出來。

ＤＱ是一款注定要學習很多東西的遊戲，正因為如此，遊戲勢必要想辦法處理疲憊和厭煩問題，而這裡研究出來的處理方法就是……

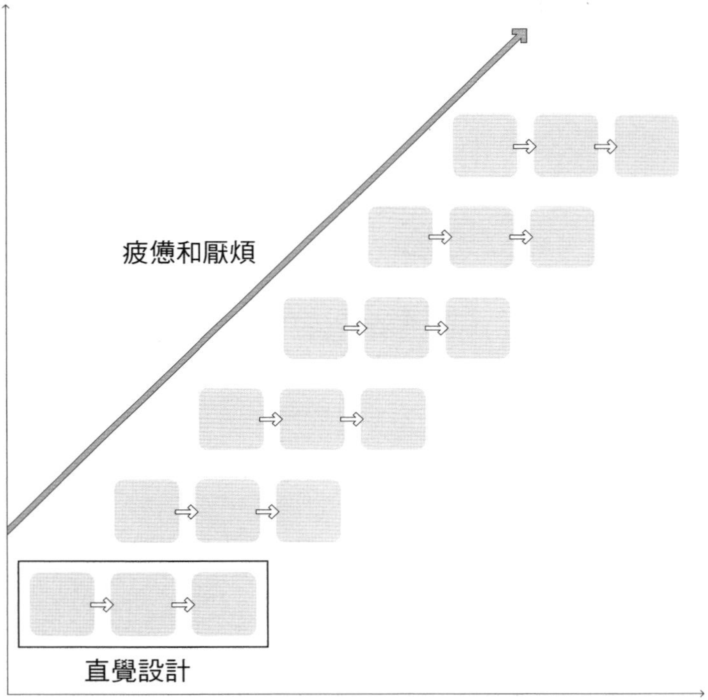

連續不斷的直覺設計，會造成疲憊和厭煩

連續不斷的直覺設計會造成疲憊和厭煩。

「利用啪敷啪敷來減輕玩家的疲憊和厭煩感」。

為了避免誤會，我想先說清楚，雖然玩家確實會持續累積疲憊和厭煩，但我的用意完全不是為了指責ＤＱ的遊戲設計有缺陷……而是正好相反。就是因為玩家正確解開了無數個直覺設計，才會在自己又累又膩的情況下堅持玩下去。想要玩下去的意願依然旺盛，但身心都已經感到疲憊和厭煩。玩家不時陷入**「還想玩，可是好想睡！」**的奇妙狀態就是最好的證據。

反過來說，如果遊戲很無聊，才不可能會一直玩到自己想睡……

哎呀，差點就要說人壞話了，還是快點回歸正題吧！這個設計體驗是刻意打斷一連串出自直覺設計的學習，讓玩家從疲憊和厭煩當中解放。遊戲設計者絕對不是因為想要開黃腔才設計了「啪敷啪敷」，證據就在於**啪敷啪敷出現的時機**。

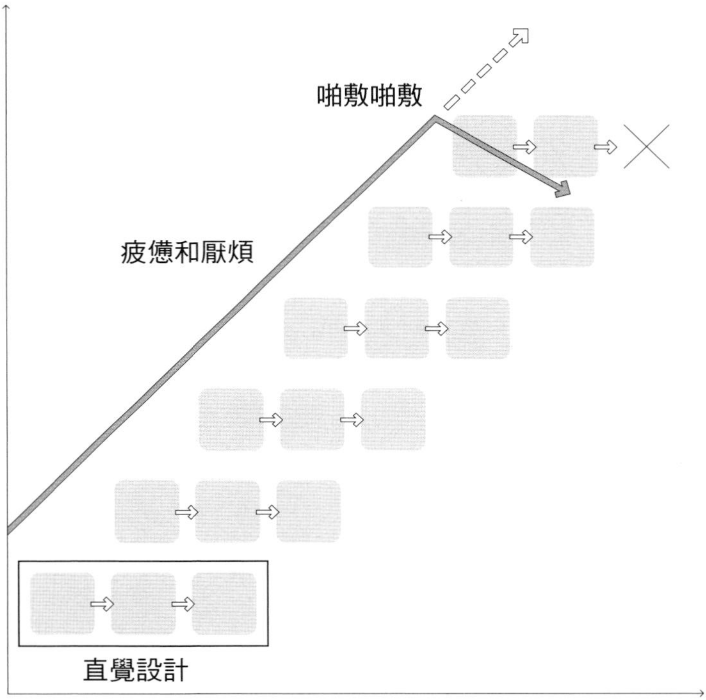

「啪敷啪敷」的作用是抹去疲憊和厭煩感

必須安排一個可以抹去玩家的疲憊和厭煩的設計。

ＤＱ１是在學會所有指令之後，ＤＱ２是和三個同伴一起挑戰第一個地宮通過之後，ＤＱ３是在第一次打倒強敵之後，ＤＱ４則比較複雜一點，是帶著兩個柔弱的女性角色度過重重苦難，在夜晚逃回城鎮的時候出現「啪敷啪敷」。從這些例子可以看出遊戲設計者是多麼密切關注內容，嚴加安排出現時機。

反過來說，**啪敷啪敷其實只有在特定的心理狀態下才能發揮效果**。如果只是隨意推出色色的故事，只會變得低俗。早在啪敷啪敷出現之前，遊戲就已經確實描述世界觀是「嚴肅的冒險故事」，而玩家也已經徹底融入世界觀當中。只有在這個情況下，啪敷啪敷才能掌握玩家的心。

換個比較簡單的說法吧！當這款遊戲讓玩家出現「像啪敷啪敷這種莫名其妙的故事絕對不可能出現」的想法時，啪敷啪敷才真正開始具有意義。當一個出乎意料的事物出現在眼前，我們馬上就會把心中的疲憊和厭煩拋到九霄雲外，開始興奮起來。意思就是說，啪敷啪敷的本質在於**「出乎意料的體驗」**。

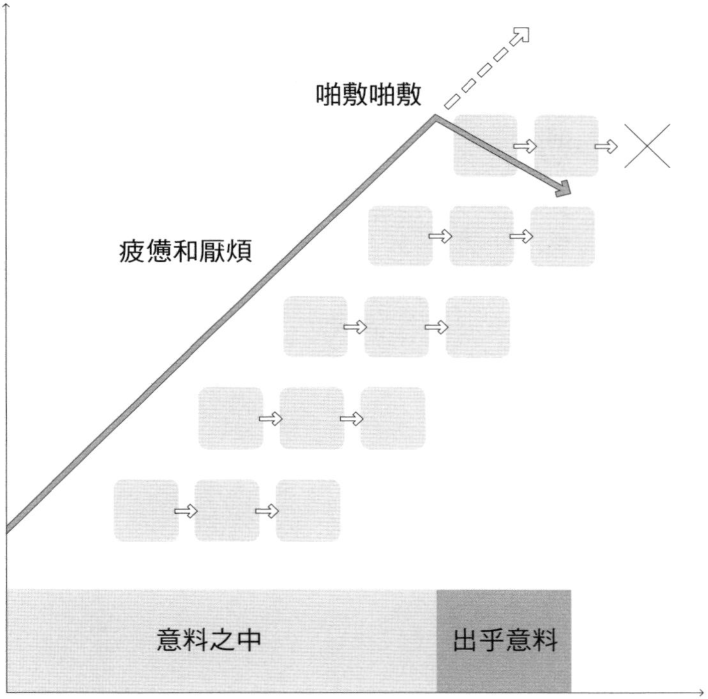

「意料之中」和「出乎意料」

為了保全自己的性命，我們的大腦總是不斷預想著未來，同時也為了提高預想的準確度而不斷學習這個世界的動向。所以預想一旦準確命中，大腦就會大肆宣揚著**「未來可能出現的死亡風險也一定可以預想出來！可以保住性命了，好開心！」**，並釋放出興奮物質，讓人感到愉悅。

可是另一方面，對大腦來說，預想持續命中的體驗也會成為「我已經可以準確預測未來，所以不必再學習了」的訊號。這個時候，就該輪到出乎意料的體驗登場。當預想失準時，大腦會產生**「完全沒能準確預想未來，可能避不開死亡風險！」**的危機意識，進而促使學習世界動向的機能再次活性化……大概就是這種感覺。

當大腦因為疲憊和厭煩而逐漸弱化時，就必須**刻意加入出乎大腦意料的體驗**，以求再次活化它的學習機能。這是設計長時間的體驗時，非常重要的技巧。接下來，我們應該要像直覺設計一樣，把「出乎意料」的體驗整理成一個公式，不過在此之前，有兩個地方希望各位思考一下。

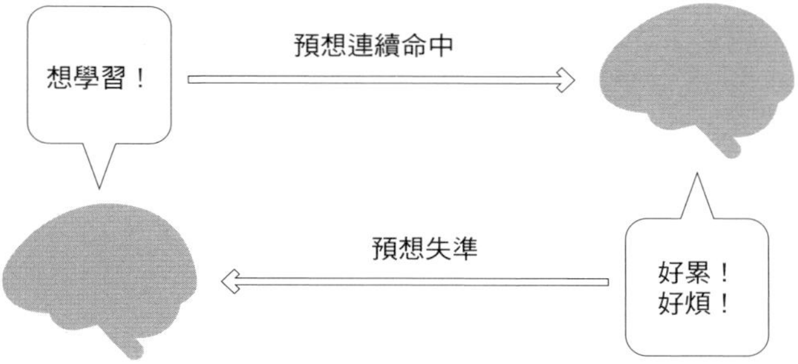

預想不能一直命中，也不能一直失準

第一點，為了讓玩家的預想失準，需要事先讓他們做出明確的預想……而且必須是錯誤的預想。以ＤＱ來說，遊戲一開始就花費大量時間慢慢地、仔細地讓玩家相信「這個遊戲很嚴肅」，而結果其實就是欺騙了玩家。

我就不拐彎抹角直接問了，**你有辦法騙人嗎？**

即使目的是為了抹去玩家的疲憊和厭煩，但要刻意地、計畫性地欺騙別人，終究還是很困難的。越是心地溫柔善良的人應該越不想這麼做。不過這一點請不必擔心，因為所有遇上啪敷啪敷的玩家都不覺得「自己被騙了！」，別說生氣，他們反而很開心。所以請儘管放心撒謊，全力欺騙玩家「這款遊戲很〇〇」吧！

第二點則是重新思考「啪敷啪敷」。首先啪敷啪敷是出乎意料、令人驚訝的事，這一部分沒問題，但是卻留下一個**最根本的疑問**。

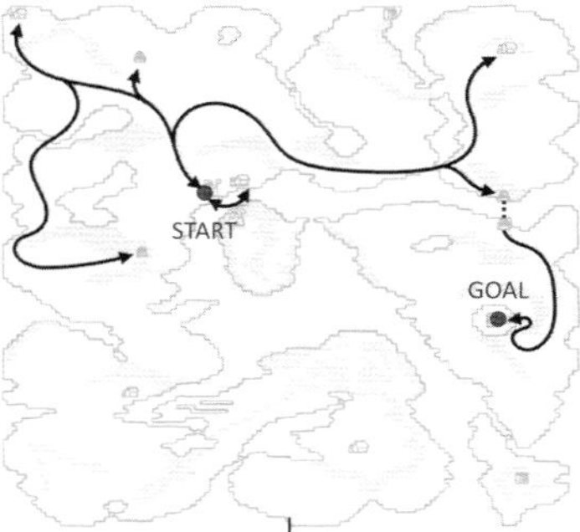
START
GOAL

讓玩家對「這款遊戲很〇〇」這個前提抱持先入為主的成見

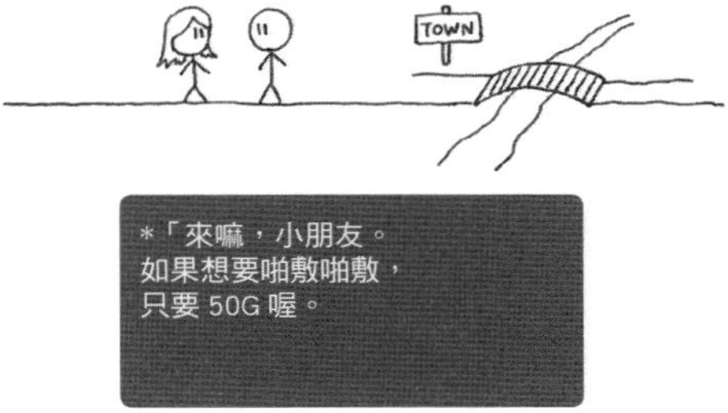
TOWN
*「來嘛，小朋友。
如果想要啪敷啪敷，
只要 50G 喔。

如果只是想讓玩家的預想失準，不用性方面的安排應該也可以辦到吧？明明可以想到其他無數種安排方式，但遊戲設計者依然刻意選擇了性方面的安排。理由是什麼？

題外話，我們雖然偶爾會在遊戲裡體驗非日常的樂趣，但平常大多都過著平靜的生活，對吧？在學校職場友善地待人接物，遵守著道德規範低調度日。要是在這平靜的日常生活當中突然有人對你說「來嘛，小朋友，要不要跟我啪敷啪敷？」，當然會讓人大吃一驚。

在平靜的日常生活裡絕對不能浮上檯面的事物，稱之為禁忌（Taboo）。若是借用這個說法，我們的成見大概會是這個樣子：**破壞日常生活的禁忌之物，毫無疑問，絕對不會出現在我的生活裡**。

從負責設計體驗的人的角度來看，這類成見根本是寶山。因為只要讓禁忌登場就能輕鬆地讓玩家的預想失準，進而舒緩疲憊和厭煩。

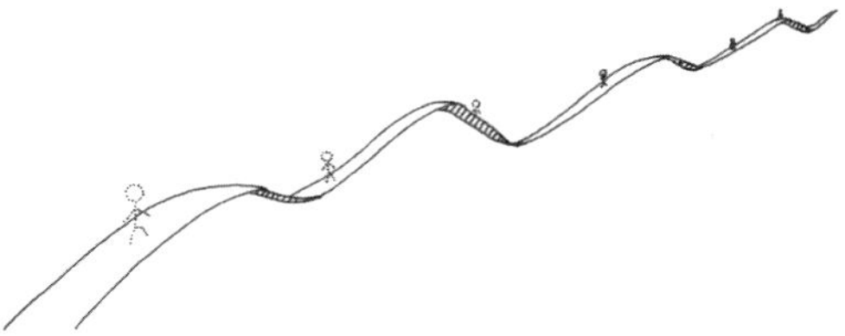

持續至今／往後應該也會持續下去的平穩日常

↓

對日常生活的成見：「禁忌絕不會出現」

↓

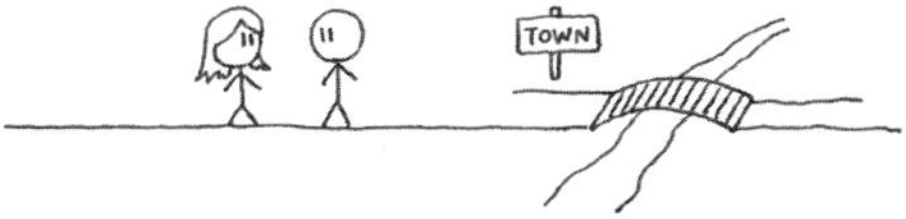

*「來嘛，小朋友。
如果想要啪敷啪敷，
只要 50G 喔。

我們都深信平穩的日常一定會持續下去。

好，先把目前為止的討論內容做個整理。如果想讓玩家的預想失準，感覺應該可以活用下列兩種成見。

1 對前提的成見 ↓ 「這個遊戲很〇〇」
2 對日常的成見 ↓ 「禁忌絕不會出現」

刻意背叛玩家深信的兩個成見，就是遊戲設計者採用的策略。而啪敷啪敷正是完美利用這兩個成見所誕生的產物。也因為如此，「啪敷啪敷」才會成為令人印象深刻的安排，所有ＤＱ玩家無人不知、無人不曉。**在艱困的冒險和漫長的學習結束後，出現了出乎意料的非日常之物……**只有如此鮮明強烈的體驗才能打動人心，甚至能消除人們的疲憊和厭煩，讓人為之沉迷。

ＤＱ這款遊戲，是「充分利用這兩種成見讓玩家的預想失準」的設計手法寶庫。我們接著再看幾個令人驚訝的安排範例吧！

利用人們先入為主的成見

- ① 對前提的成見
- ② 對日常的成見

↓ ↓

「禁忌絕不會出現」 對日常的成見	「這款遊戲很〇〇」 對前提的成見

↓ ↓

*「來嘛，小朋友。
如果想要啪敷啪敷，
只要 50G 喔。

有點突然，不過請各位回答下列問題。

問題一

ＤＱ1，為了打倒萬惡根源「龍王」的冒險已進入尾聲。當玩家費盡千辛萬苦來到龍王面前時，龍王說了一句話，讓玩家大吃一驚。**那句令人吃驚的話到底是什麼？**

問題二

出自ＤＱ2。當玩家前往地牢尋找手握重要道具的盜賊時，發現對方已經逃走。玩家走遍全世界拚命尋找盜賊，而他讓玩家大吃一驚的**真正藏身處到底在哪裡？**

問題三

ＤＱ3的最後階段，玩家會前往異世界冒險，玩家一看見那個異世界便驚愕不已！**到底是什麼世界讓玩家如此震驚？**

從 DQ3 的世界前往異世界冒險……

答案如下。

問題一　龍王主動提出**優渥的條件**「只要你成為夥伴，就把世界分你一半」。

問題二　盜賊明明已經逃跑，卻躲在**地牢裡面**。

問題三　從ＤＱ３世界出發抵達的異世界，是**ＤＱ１的世界**。

ＤＱ系列最常見的評價就是「正統王道教科書」，但實際上正好相反。它的真正評價應該是「**一款徹底背叛玩家、過度偏激的反教科書遊戲**」。可能有點拐彎抹角，不過最正確的說法應該是它**「能做到『反教科書設計』這一點才是真正的教科書等級」**。

專業術語多，系統複雜，全是數字和文字……這些角色扮演類遊戲常見的問題，同屬此分類的ＤＱ利用充滿驚奇的反教科書體驗，將之去除得乾乾淨淨。

像這種讓人感到驚訝的體驗設計，就稱呼它為**「驚奇設計」**吧！

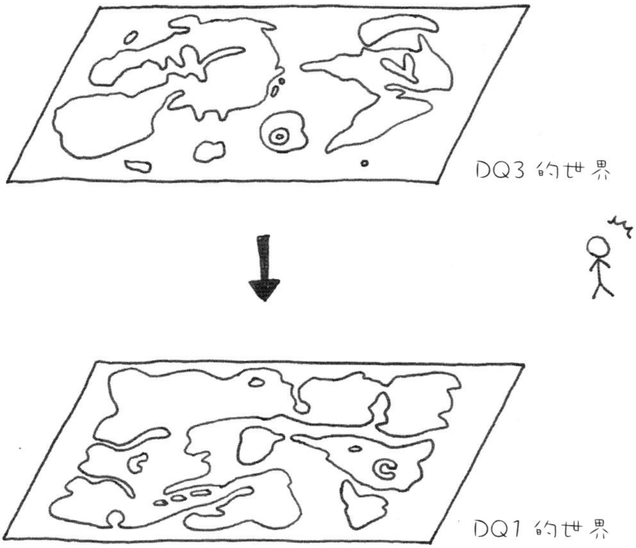

……從 DQ3 世界出發抵達的異世界，竟然是 DQ1 的世界

1 誤解 自發性地建立「大概是○○這樣做？」的錯誤假設。

※不過，玩家相信這個假設是正確的。

2 嘗試 自發性地「試著做做看○○好了……」做出嘗試的行動。

※不過，玩家相信這個嘗試是正確的。

3 驚訝 自發性地驚訝「○○原來是錯的！」。

※至此，玩家才首次驚覺假說和嘗試是錯的。

誤解、嘗試，最後因為發生了出乎意料的事情而感到驚訝。「驚奇設計」就是透過這一連串體驗讓玩家感受到驚奇。當玩家在持續不斷的直覺設計中感到疲憊厭煩的時候使用這個手法，就能**抹去疲憊和厭煩，進而帶來更長時間的體驗**。

……整理出來之後看起來很簡單，不過真正動手設計時一定要確實付出心血，還要有計畫性地思考，順序大致如下（先說好，一定要依照這個**相當麻煩的順序**進行）。

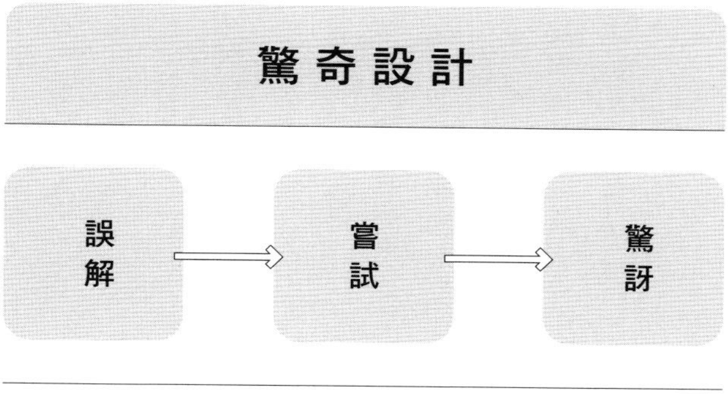

驚奇設計模式圖

1 精準掌握疲憊和厭煩的時機

必須看準疲憊和厭煩都到達尖峰的時機，例如ＤＱ的「學完八個指令之後」。

2 事先構築好讓人產生誤解的世界觀

為了讓人產生「這款遊戲很嚴肅」之類的誤解，必須讓玩家花時間慢慢地學習錯誤的世界觀，使之產生誤解。

3 設計好誤解曝光時的安排

設計完美安排，同時背叛「這款遊戲很○○」、「禁忌絕不會出現」兩種成見，如同ＤＱ的「啪敷啪敷」一樣。

全部做好之後，總算完成了效果絕佳的啪敷啪敷……不過，老實說，這項作業真的非常辛苦。就算是在一整個遊戲裡，這樣精巧費工的驚奇設計其實也不是那麼容易就能實現的。

舉個例子，我想只有在第一次閱讀本書的時候，你才會因為啪敷啪敷的出現感到驚訝。第二次再看的時候，應該只會想著「好好好，就是啪敷啪敷嘛」然後帶過，不會再驚訝第二次。

真要說起來，如果想讓玩家因為對前提有成見而產生誤解，就必須花費很長一段時間持續編造謊言。從這個基本要件來看，想要一而再、再而三地背叛玩家對前提的成見是不可能的。然而就算知道這個狀況，玩家心中仍然會不斷累積疲憊和厭煩。如果能找到更簡單的方式實現驚奇設計就好了……

在這種情況下，最有效的方法就是**停止覆蓋玩家對前提的成見，只靠「禁忌主題」來打破他們對日常的成見，使之驚訝**。儘管驚奇感會稍微減小，不過還是能減輕一定程度的疲憊和厭煩。

本書整理出十個代表性的禁忌主題，請往下看。

禁忌主題
會取代
對前提的成見。

1. 性主題

肉體／健康之美

戀愛糾紛

婚姻

性器官／性行為

生產／嬰兒

繁殖

心動的感覺

色色的感覺

2. 飲食主題

食物／飲料

進食行為／飲用行為

做菜／食材加工

用餐或做菜的味道／聲音

液體相關的感官刺激

收穫或狩獵／飢餓

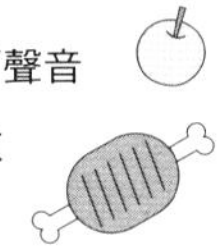

美味的感覺

肚子餓的感覺

3. 損益主題

錢／財富

金／財富增減

有錢／貧窮

競爭／勝負

贈與／交換

羨慕／嫉妒

想要錢的感覺

不想吃虧的感覺

4. 認同主題

同伴／友情

家人／血緣

復古／流行／「對對對就是那樣」

角色／職業／官銜

國家／階級／上下關係

自我認同感／無所不能感

獲得認同的感覺

歸屬感

禁忌主題　1～4

首先是**正面主題**，只要是人都會出自本能地追尋。

遊戲剛開始發展的時期，有個類別叫作脫衣麻將。玩家之所以可以一直玩這種只有電腦才能展現的超高難度麻將，理由無他，就是為了那些色色的圖片。比照這種「性主題」，只要讓這些能夠讓我們失去冷靜的「飲食」、「損益」、「認同」等主題，出現在體驗的每個角落，就能成功緩和我們因為長時間體驗所產生的疲憊和厭煩。

反過來講，想找一段沒有這些主題登場的遊戲內容，才是真的難如登天。意思就是說，只要遊戲設定的目標是**「希望能讓玩家徹底體驗到最後」**，那麼設計者無論如何都必須使用禁忌主題。說得極端一點，當你需要設計一個體驗時，可能只要掌握以下這個指標就好。

「這個體驗，是否描繪了人類出自本能想要的事物？」

5. 污穢主題

髒東西／排泄物

腐爛的東西／細菌增生

醜陋／詭異噁心的生物

違反道德的舉止

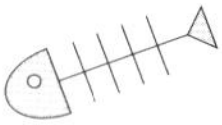

犯罪／邪惡

惡魔／惡魔附身／詛咒

污穢的感覺

罪惡感

6. 暴力主題

吵架／肢體暴力

有殺傷力的武器／兵器

大屠殺／種族滅絕

掠奪／搾取

蔑視／歧視

剝奪自由

疼痛感

單方面的感覺

7. 混亂主題

謬誤／搞錯

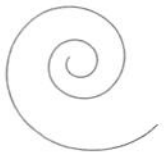

矛盾／不講理

喪失記憶／異世界

情報過多／沒有情報

天崩地裂／物理法則崩壞

高速移動／尺寸異常

不對勁的感覺

暈眩的感覺

8. 死亡主題

血／受傷

死亡

窮途末路／瀕臨死亡的狀況

屍體／殭屍

哀悼／墳墓

幽靈 / 異形

瀕臨死亡的感覺

神秘的感覺

禁忌主題　5～8

接下來是**負面主題**，只要是人都會覺得忌諱，想要迴避。

不只遊戲，壞人角色在所有類型的作品裡都是不可或缺的存在。壞人集污穢於一身，無法無天地行使暴力，引發爆炸或天崩地裂的混亂，帶來強烈的痛楚還有死亡。

可是話說回來，壞人其實也只是受人操縱的人偶。至於操縱壞人做出壞事，真正邪惡的背後黑手到底是誰……當然是**設計壞人角色的設計者本人**。設計者必須拋開自己的人格可能會遭受質疑的恐懼，刻意地使用負面主題。而這一切都是為了讓所有體驗者大吃一驚，促使他們繼續體驗下去。

如果把這些內容整理成體驗設計的指標，就會變成下面這句話：

「這個體驗，是否描繪了讓人想要撇開視線、不願再看的事物？」

到目前為止，我們已經整理出十個主題當中的八個，不過剩下那兩個比較複雜，請容我一邊參照事例一邊說明。

系列作品第四代ＤＱ４推出後便引起熱銷，甚至被稱為社會現象。遊戲使用大量數據資料做出一款大規模的冒險故事，玩家可操縱的角色高達八人，遊戲內容分成一到五章，詳細描寫每個角色最終都來到勇者身邊並拯救世界。

如此一來，**遊戲的遊玩時間當然會一口氣拉長**，破關所需時間平均為二十到三十小時。想讓玩家持續玩這麼長的一段時間，光靠斷斷續續出現本能想要的事物和不忍再看的主題，力道稍嫌不足。設計者真正需要的是**一個強大的機制，可以舒緩長時間認真冒險下來所累積的巨大疲憊和厭煩感**。

於是，ＤＱ４導入了新元素……

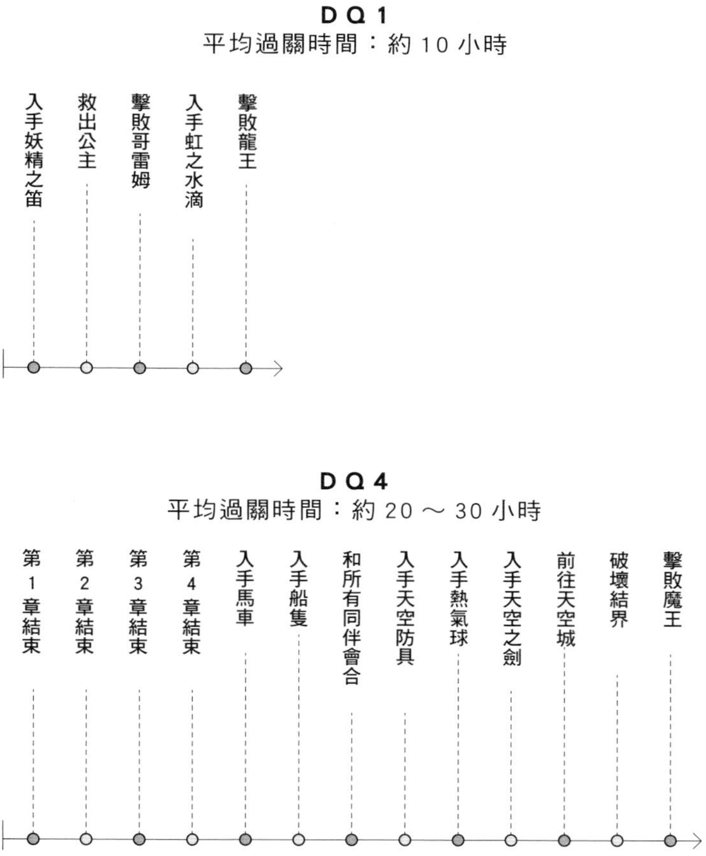

DQ1 和 DQ4 的平均過關時間

那就是**賭場**。什麼？明明魔王現在依然到處燒殺擄掠、無惡不作，應該要打倒魔王、恢復世界和平的勇者竟然沉迷於賭場？怎麼可以這樣！然而這正是ＤＱ系列的遊戲設計者做出的決定，是刻意營造的體驗設計。

賭場裡面有吃角子老虎和撲克牌等賭桌，只要獲勝就能得到硬幣籌碼，用來交換各式各樣的強大武器與裝備。相較於玩家過去必須勤勉不懈地打怪，勤勉不懈地存錢才能購買武器裝備，現在則有機會一獲千金，立刻拿到裝備。要是真的這麼做，那些認真存錢的玩家應該會覺得很失望。

不過，這正是遊戲設計者想看到的狀況。**刻意利用賭場，奪走玩家一邊努力學習一邊冒險的「認真」之情**。因為如果不這麼做，玩家心中的疲憊和厭煩終將累積達到飽和，可能會因此引發遊戲設計者最不想看到的狀況，這個「最不想看到的狀況」就是……

……疲憊和厭煩超出界線，玩家關機停止遊戲，這就是最糟糕的狀況，所以才會**為了刻意暫停冒險而設計了賭場**。

只不過，最後還是必須讓玩家解除暫停，回到遊戲繼續冒險，而且遊戲裡當然也已經安排了機制。玩遍整間賭場之後，裝備、道具等有利於冒險的東西會出現在玩家手中。**痛快玩到爽之後，手上還多了強大的裝備和道具……**利用這個刻意製造出來的狀況，讓玩家自然而然地再次踏上冒險旅程。

如果是真正的賭場，通常會為了避免賭場虧損而調整機率，但這是遊戲裡的賭場，可以放任玩家大贏特贏。所以遊戲用了不會讓人起疑的機率讓玩家獲勝，藉此讓他們心情愉快地踏上冒險旅程。

關鍵字是「**機率**」。機率不只可以應用在賭場裡，還有和魔物作戰時偶爾會出現的超強大攻擊，名稱叫作……

利用賭場讓冒險暫停，
然後再驅使
玩家踏上冒險之旅。

第2章
驚奇設計

「會心一擊」。發生機率只有幾%，然而一旦使出來，爽快感絕對無與倫比。就算被強敵逼得節節敗退，快要打輸的時候，只要能使出「會心一擊」就有可能反敗為勝。是要選擇低調的努力，勤勉不懈地和敵人戰鬥提升等級？還是跟幸運女神的微笑賭一把？即便只是一個戰鬥場面，也仔細做到兩種對比要素的完美平衡，意圖抹去玩家的疲憊和厭煩。

就像獎金、抽籤，還有「會不會有錢掉在地上？」的念頭，我們的心總是忍不住祈求著幸運。這個心態，遊戲業界稱之為僥倖心理。我們就借用這個名詞，把十個禁忌主題當中的第九個命名為**「僥倖心理和偶然主題」**吧。至於體驗設計的指標，訂為**「這個設計，是否能讓玩家想要賭上一把，或是向天祈求？」**應該就行了。

好，終於來到十個主題當中的第十個，也就是最後一個驚奇主題了。翻頁之後，右邊頁面上會有提示圖，請先進行推理再閱讀本文。雖然那可能會讓你愣住，覺得「這到底要怎麼跟驚奇連接在一起？」也說不定……

9. 僥倖心理和偶然主題

賭博

抽籤

祈求幸運

偶然

心血來潮／靈光一閃

天上掉下來的禮物

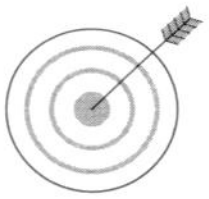

賭上某種事物的感覺

向天祈禱的感覺

禁忌主題　9

這個設計是否能讓玩家想要賭上一把或是向天祈求？

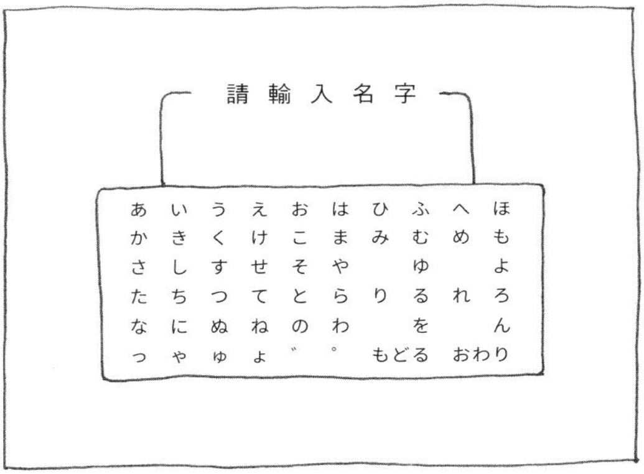
請輸入名字
あ い う え お は ひ ふ へ ほ
か き く け こ ま み む め も
さ し す せ そ や ゆ よ
た ち つ て と ら り る れ ろ
な に ぬ ね の わ を ん
っ ゃ ゅ ょ ゛ ゜ もどる おわり

輸入名字的畫面

右頁是玩家自行輸入勇者姓名的畫面。

遊戲一開始，玩家就必須馬上決定勇者的名字。黑底畫面白色文字，看起來一點都不華麗，可是只要詢問玩過ＤＱ的玩家，他們就會**說出一大堆關於這個畫面的回憶**。

「用自己的名字開打，結果微妙地覺得很蠢，只好重新輸入。」
「用了喜歡的人的名字，結果不敢讓其他朋友看到。」
「看過有人取名叫作便便之類的，真是有夠糟糕。」
「那個畫面的音樂會一直停留在耳朵裡。」

既然所有人都對此留下了如此深刻的印象，那麼我們也**可以合理推測，這個畫面曾經發生過某種深深打動人心的強烈體驗**。

為了探究其中的理由，請讓我從ＤＱ系列當中再挑一部作品出來舉例，那就是人氣首屈一指的ＤＱ5（一九九二年，ENIX），裡面有個將玩家的意見徹底二分法的超強體驗設計。

ＤＱ５的副標題是「天空的新娘」，故事內容是從主角幼年時期一直玩到青年時期，最後超越世代打倒巨大邪惡勢力。ＤＱ５當中最讓人印象深刻的劇情就是**結婚事件**，而且還有限制條件：只能從兩位女性當中選一個。

第一位新娘候補比安卡是主角的青梅竹馬，是個個性強勢，卻偷偷喜歡著主角的美女。第二位新娘候補叫作佛蘿拉，是有錢人家的千金小姐，舉止高雅文靜，同時也具備認真率直的個性。玩家被突如其來的結婚事件嚇到，拚命地煩惱，最後決定結婚對象……說白了，**這根本完全暴露了玩家喜歡的女性類型**。每個玩家都會熱切討論「你跟誰結婚？」，直到現在兩派粉絲都還會在網路上吵個沒完。

好，我們現在介紹了勇者姓名的輸入畫面和結婚事件中必須選擇新娘的例子，其實這兩者之間有個共通點，那就是……

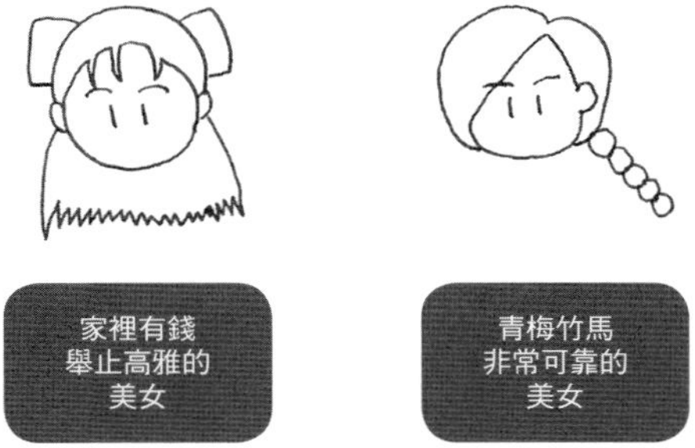

如果是你，你會選擇跟誰結婚？

DQ5的結婚事件至今仍是粉絲們熱切討論的話題。

命名的品味，結婚對象的類型……這兩者的共通點，就是它們都屬於**「把玩家私底下的部分帶出來」的體驗**。

平靜的日常生活裡，大家都會把自己私底下的樣子隱藏起來。因為要是被人知道自己私底下的樣子，就沒辦法保持平靜了。換句話說，我們堅信「日常生活中必須隱藏自己私底下的樣子」，也因為如此，私生活主題才能帶來驚奇感。

十個主題當中的第十個，也就是最後的禁忌主題就是**「私生活主題」**。這種像是把玩家的內心暴露出來的內容，會產生強烈的驚奇感。設計的時候，只要一邊自問體驗設計的指標**「這個體驗，能展現出玩家的個性嗎？」**一邊進行即可。

到目前為止，我們已經舉出四種體驗設計的指標，接下來就是進行彙整，同時慢慢總結這個章節。

10. 私生活主題

玩家自己的秘密

玩家自己的錢

玩家自己的過去

玩家自己的個性／品味

玩家自己身邊的情報

難為情的感覺

秘密的感覺

禁忌主題　10

一邊描繪**人類會出自本能想要的事物以及忍不住想要撇開視線、不願再看的事物**，同時做出讓玩家**想要賭上一把、向天祈求，並展現玩家個性**的安排。當這些體驗設計為玩家帶來驚奇感時，就能抹去一連串直覺設計所造成的疲憊和厭煩，誘使玩家走向更多體驗。這就是設計出讓人忍不住沉迷的體驗的基本策略。

硬要說的話，驚奇設計算是一種不讓玩家停止體驗的必要之惡。假如所有玩家都非常勤奮而且不知疲倦為何物，驚奇設計大概就沒有存在的必要了。可是，如果想製作所有人都能接受的熱門體驗，就絕對不能忘記這一點。

不介意的話，請你暫時放下本書，仔細觀察一下你身邊多如繁星的大量事物內容。**這兩種體驗應該會以一種相當特殊的節奏排列出來**。直覺地理解並學習情報的狀況，以及誘發出驚奇與興奮的狀況，這兩種體驗是如何排列的呢？

驚奇設計

原則	透過出乎意料的「驚奇」抹去疲憊和厭煩感

誤解 → 嘗試 → 驚訝

利用人們先入為主的成見
- ① 對前提的成見
- ② 對日常的成見

禁忌主題

性　食物　損益　認同　污穢　暴力

混亂　死亡　僥倖心理和偶然　私生活

第 2 章　驚奇設計總整理

最簡單明瞭的例子，大概是類似A片或獵奇影片這種純粹導向本能興奮的內容。不必我提醒，這裡面當然塞滿了禁忌主題。

至於廣告、相聲、新聞、宣傳用網頁之類體驗時間必須簡短的內容，驚奇設計會被安排在最前面，之後也會相當密集地出現。這是為了在頻繁吸引觀眾注意的同時傳遞情報。

另一方面，像電影、電視連續劇、舞臺劇、小短劇、遊戲等可以帶來長時間體驗的內容，一開始都會以直覺設計開頭，然後一連串的直覺設計之中趁隙插入驚奇設計。

各位讀者當中可能會有人覺得「怎麼突然變成跟自己沒關係的話題？」，其實並非如此。

假設你正在安慰一個哭泣的小孩，正煩惱著「該怎麼做才能讓他停止哭泣？」、「要說什麼才能吸引他的注意？」。**為了讓溝通成立，該用什麼樣的順序、什麼樣的比例、說出什麼樣的內容？**懷抱著這種煩惱的你，其實已經是個了不起的體驗設計者了。

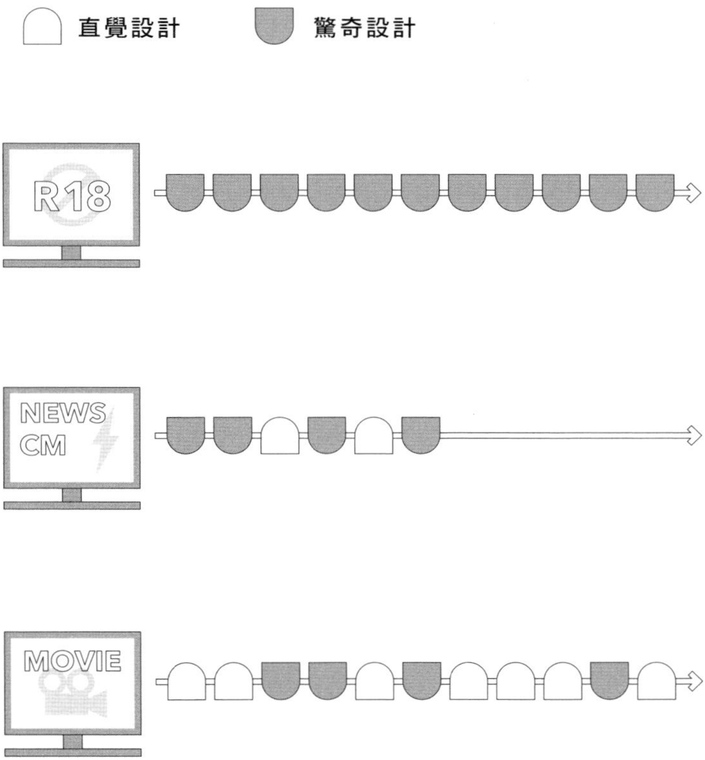

「直覺設計」和「驚奇設計」的配置

《勇者鬥惡龍》的設計者堀井雄二先生所完成的豐功偉業，就是把角色扮演類遊戲這種「有趣卻難解的遊戲」引進日本並使之普及，而本章的主題「驚奇設計」，可說是發揮最大功效的功臣。即使是在利用了「啪敷啪敷」這種反教科書設計，讓世人認識只有文字和數字的角色扮演遊戲之後，仍然在DQ一、二、三代，以及之後每一代系列作品推出時**挑戰新的設計，持續讓玩家驚訝不已**。

仔細想想，**遊戲業界的發展歷史又何嘗不是如此**。與遊戲玩到累、最後感到厭煩的玩家之間的戰鬥中，只有持續帶來新鮮刺激感的遊戲公司才能存活到今天。

即使是實際樹立日本遊戲業、創造出第一章提過的範例《超級瑪利歐》的任天堂公司，也是一直都把如何讓遊戲業繼續存活這件事作為最優先考量。已故的任天堂董事長兼總經理岩田聰先生，曾針對遊戲這項商品的宿命以及使命說過這句話。

1986	DQ 1	引進角色扮演類遊戲
1987	DQ 2	導入 3 人隊伍制
1988	DQ 3	4 人隊伍制 導入職業概念 描寫與 DQ1 之間的關聯
1990	DQ 4	8 位主角和 5 個章節內容 導入賭場
1992	DQ 5	劇情描寫跨越世代的冒險 魔獸可以成為同伴
1995	DQ 6	不同職業各自升級 劇情描寫雙重平行世界
2000	DQ 7	自由推動劇情進行 平均遊戲時間超過 100 小時
2004	DQ 8	畫面從 2D 變成 3D 武器裝備製造系統
2009	DQ 9	從固定型主機變成攜帶型掌機 檔案的分送、交換系統
2012	DQ 10	連線遊戲 對應複數遊戲主機
2017	DQ 11	固定型主機與攜帶型掌機連動 破關之後出現新的遊玩方式

每一代 DQ 的新組合要素

「遊戲不是生活必需品，所以需要驚喜。」

生活必需品是生存不可或缺之物，所以不會讓人厭煩。畢竟應該不會有人覺得使用清潔劑很煩吧！

另一方面，遊戲並不是生存不可或缺之物，所以真的很快就會感到厭煩。就是因為這樣，遊戲才必須不斷地讓玩家感到驚訝，遊戲業界也必須不斷推出新遊戲，讓玩家持續感到驚喜。這就是遊戲的宿命。讓玩家以直覺遊玩的同時，也要背叛他們的預想，讓他們驚訝。遊戲業就是讓兩種相反的體驗相互交織，才得以存續至今。

那麼，關於本章一開始提出的問題「為什麼遊戲可以一直玩下去？」，答案就是**「因為驚奇設計夾雜在一長串的直覺設計當中」**。就是這個做法，讓遊戲從「可以玩」進化成「可以一直玩」……

其實這裡出現了**一個嚴重的問題，甚至可以動搖遊戲這個事物的根基**。

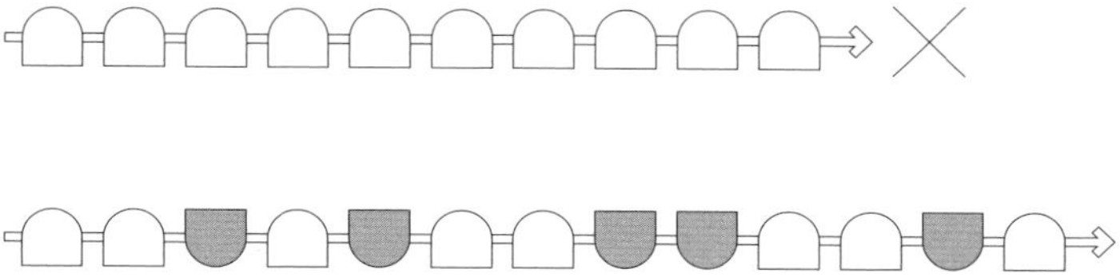

讓驚奇設計交織其中，使之成為可以一直持續下去的體驗

就算遊戲破了關，也完全沒有任何用處。那麼持續不斷地玩遊戲到底有什麼意義呢？我就直說了吧！

玩遊戲就是在浪費時間。

沒錯，只要善加運用驚奇設計，就可以達成長時間的體驗。可是，如果遊戲提供的長時間體驗沒有任何內涵或意義，人們最後應該還是會拋下遊戲而去。

實際上，現在依然存在著視遊戲為大敵、想把遊戲排除在社會之外的想法，而且確實挺有道理的。

但各位也知道，遊戲至今還是存活得好好的。

所以我們應該可以透過逆向思考說出這句話：**因為遊戲已經倖存了數十年直到今天，所以「玩遊戲」這個體驗當中肯定隱藏著某種意義**。

如果遊戲當中包含了意義，那麼它會是作為何種體驗設計而成呢？體驗的意義到底是什麼呢？

本書終於要踏入「體驗」這項事物的核心了。第三章的主題叫作**「故事設計」**。

不論多麼努力設計長時間的體驗，
說到底，玩遊戲
到底有什麼內涵或意義呢？

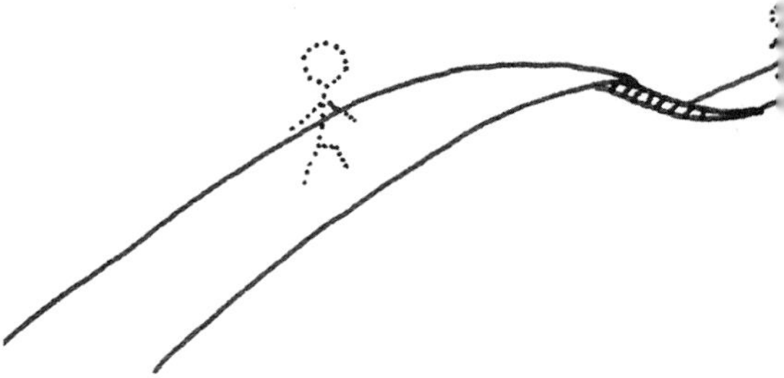

1 直覺設計

假設 → 嘗試 → 愉悅

透過單純且簡單的體驗
讓人產生「直覺」

→ 利用人們的共通點
①大腦與內心的特質／②共通的記憶

2 驚奇設計

誤解 → 嘗試 → 驚訝

透過出乎意料的「驚奇」
抹去疲憊和厭煩感

→ 利用人們先入為主的成見
①對前提的成見／②對日常的成見

禁忌主題

性　污穢
食物　暴力
損益　混亂
認同　死亡
僥倖心理和偶然
私生活

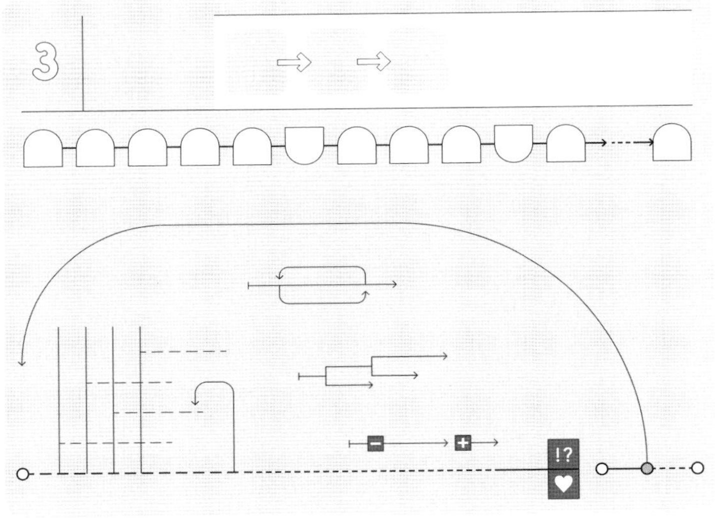

第3章

人為什麼「忍不住就想找人分享」？

故事設計

紅白機，也就是Family Computer，已經發售數十年。在這進化的浪潮頂端，我想拿兩款囊括所有知名電玩大獎的遊戲作品，當成本章的教材。第一部作品是《最後生還者重製版》（以下簡稱為《最後生還者》），第二部作品則是《風之旅人》。

對於最近沒玩遊戲的讀者來說，這兩款遊戲的名字聽起來可能有點陌生，不過我會連同遊戲內容一起詳細說明，無須擔心。

主張遊戲沒有任何意義的人始終不曾消失，他們認為玩遊戲就是在浪費時間，遊戲是讓人墮落的惡魔。對於這些言論，遊戲會給出什麼樣的回答呢？如果遊戲有意義的話，那又會是什麼呢？

解開這些謎題的關鍵字，就是「故事」。

The Last of Us Remastered

最後生還者重製版
2014 Sony Interactive Entertainment

風之旅人

JOURNEY
2015 Sony Interactive Entertainment

考慮到遊戲公司的相關著作權，本書在講解體驗設計的時候
不會使用實際遊戲畫面，而是以示意圖呈現。
如果想確認真正的遊戲畫面，請參考著作權所有人所公布的
官方遊戲畫面，或是直接玩該遊戲。

《最後生還者》是將舞臺設定在現代的動作類遊戲。描述美國出現某種神秘的蟲草真菌，會附著在人類身上讓人變成殭屍，美國因此陷入存亡危機。當人們因為感染持續擴大而陷入恐慌時，主角喬爾失去了自己一手扶養長大的心愛女兒，從此一直活在絕望當中。二十年後的某一天，喬爾的命運忽然再次轉動起來。

他遇上了全世界唯一能夠抵抗真菌感染的人類。這個名叫艾莉的少女，和他死去的女兒一樣都只有十四歲。兩人在這個即將走向毀滅的世界旅行，到底最後會面對什麼樣的「我們的結局 (The Last of Us)」呢……內容真的非常沉重。

至於這款遊戲是用什麼方法傳達如此沉重深刻的內容……竟然**只靠登場人物的台詞和遊戲影像而已**。既沒有說明現況的旁白，畫面上除了屈指可數的少數例外，也不曾出現任何文字敘述。整體看起來跟電影一模一樣，只靠台詞和影像傳達情報。

《最後生還者》只靠台詞和影像便成功傳達出沉重的故事內容。另一方面，**《風之旅人》**則是用了更加先進的設計來傳達故事，怎麼說好呢……

遊戲裡別說文字，連語言本身都沒有出現。

《風之旅人》的故事摘要是這樣的：在毫無預警的情況下，穿著一身陌生服飾的主角突然在遼闊無際的沙漠正中央醒來，四周空無一人。隨後主角開始朝著遠方隱約可見的山頂前進，但遊戲裡其實沒有任何明確的情報顯示山頂就是目的地，只是剛好朝著特別顯眼的目標，也就是山頂走去而已。

設定本身就已經謎團重重，遊戲裡更是沒有任何文字，也完全沒有進行說明的聲音。儘管設計方式如此不留情面，《風之旅人》依舊獲得了無數電玩大獎，更令人驚訝的是，所有獎項**都以「故事性絕佳」來評論這款遊戲**。

換言之，這款遊戲不靠文字也不靠語言就成功傳達了故事內容。說到這裡，心裡不禁湧現出**「所謂故事到底是什麼？」**這個疑問。

故事以何種形式呈現？

當你聽到「故事」這個詞，會試著想像它呈現出什麼樣的樣貌嗎？不是故事內容，而是**故事的形式**。同樣的問題我問過很多人，大多數人想像的都是文字形式，像小說那樣。原來如此，故事的確讓人有種用文字寫出來的感覺。

可是……如果更深入、更仔細地想想，故事其實沒有必要透過文字表現。

比方像電影或連續劇透過影像形式傳達故事，就算沒有字幕也能理解故事內容。類似的例子多到數不完。

如果要我再舉一個例子，其實人生也是一種故事。你的人生有高峰、有低谷，是個內容非常豐富的故事（應該是吧？），但同樣不是透過文字表現出來的。也就是說，**文字表現對故事來說並不是必要的**。

感覺越來越搞不清楚所謂故事到底是什麼了。在這種情況下，我希望各位能參考專業的學術研究，也就是**「敘事學」**。現在我們來看看敘事學是如何定義「故事」吧。

即使不用文字表現故事依然成立。

在敘事學當中，故事被稱為**「Narrative（敘事）」**，而故事包含兩個要素，分別是故事內容 (Story) 和故事論述 (Discourse)。

故事內容指的是「主角前往A，發生B，最後變成C」這種一連串的事件，簡單來說**「發生什麼事」就是故事內容**。但是話說回來，故事內容充其量是事件本身，必須具備「傳達」那個事件的手段，故事內容才能真正傳達出來。例如文章、影像、聲音等都是重要的表現形式，用語的選擇和傳達的順序也會左右故事的有趣程度。這些**「該怎麼傳達」的部分就是故事論述**。

總之就是**「發生什麼事」＋「該怎麼傳達」**。故事內容和故事論述必須合而為一，才能形成故事＝敘事。

話雖如此，各位應該很少聽過敘事這個詞彙吧？不過這個字其實意外貼近我們的生活。例如紀錄片節目裡，通常會**有個獨立在影片之外的聲音，負責說明狀況**對吧？我們都是怎麼稱呼那個人的？

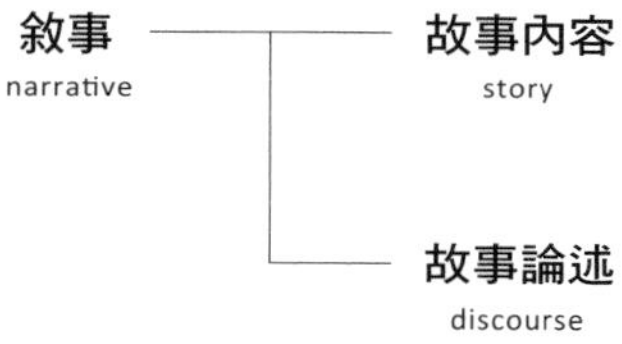

敘事學所定義的故事構成要素

※ 故事還有另一個經常使用的定義。
「一連串事件的表象（representation of a sequence of events）」
「一連串事件」對應故事內容，而「表象」則是對應故事論述。

我們都叫他**旁白**。旁白（Narrator）就是進行敘事的人，意思是負責說故事的人。Narrative 加入「人」涵義的字根 = Narrator。

另一方面，即使同樣擁有「故事」這個涵義的單字，Story 卻沒有 Storyer 這種名詞化單字。如果不特地加入具有傳達意義的「tell」變成「Storyteller」，就不會具備「說故事的人」這層意義。

Story 和 Narrative **這兩個字都可以翻譯成「故事」**，但你現在可以感覺到兩者之間微妙的語感差異了嗎？相對於 Story 是「發生什麼事」，也就是把重心放在故事內容，Narrative 則著重於「如何傳達」，也就是包含了「故事論述」的語感。

那麼問題來了，**遊戲到底是 Story，還是 Narrative ？**遊戲是透過「玩遊戲的體驗」講述故事，這個傳達方式正是遊戲最大的特徵。既然如此，答案當然就是……

讀繪本的時候，會下很多工夫對吧？

繪本故事裡的「發生 A、發生 B」是故事內容，
文章、圖畫、大尺寸實體書等表現形態和「怎麼念給孩子聽」則是故事論述

用 Narrative 來稱呼遊戲是比較恰當的說法。玩家自己進行冒險，同時一步步理解故事內容……遊戲就是這樣提供體驗，說出它的故事。也就是說，**遊戲和文章、聲音和影像一樣，都是一種講述故事的手法**，而且還是人類史上相當新穎的手法。

隨著近年來的技術發展，現在的遊戲光靠影像和聲音就能傳達出足夠充分的情報。得到媲美電影和電視連續劇的表現能力之後，遊戲只要描繪出人的一個動作，就能如實傳達出到底發生了什麼事。

可是早在這些技術還沒有出現之前，遊戲就已經使用一種相當獨特的傳達方式講述故事了。

以ＤＱ為例，如果不和士兵交談，故事就完全不會有進展。玩家主動在這個世界上冒險，一邊靠自己的力量收集單一情報，一邊推測「這個世界發生了這種事情……」**讓玩家從無數個片段情報當中理解「發生了什麼事」**，這種故事傳達方式有個專業術語，那就是……

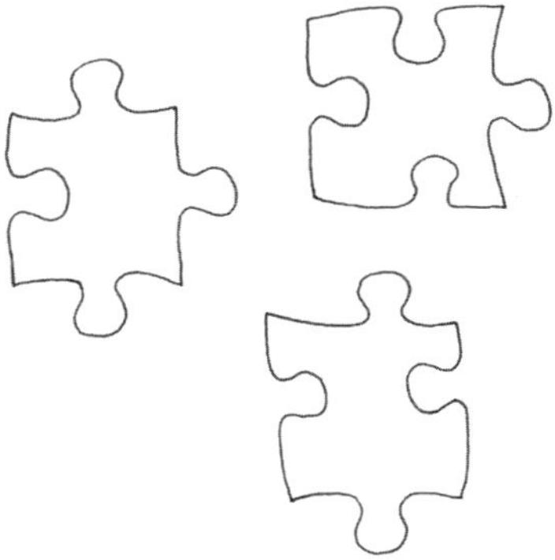

從許多人口中打聽片段的情報，最後理解故事整體內容

「環境敘事（Environmental Storytelling）」。這種故事傳達方式是讓玩家自發性地收集所有配置在環境當中的情報，逐步建構整個故事。

我們來實際體驗一下好了。你只需要凝視左頁的圖片十秒鐘左右就好。請開始吧！

雖然我說「只需要凝視」，但各位應該還是自然而然地試著推理「到底發生什麼事」了吧？說不定還會自言自語地說出：「這不是意外，是他殺……」之類的話。看來我們的大腦真的很不喜歡情報一直保持破碎不全的樣子呢！即使是乍看之下毫無關聯的片段情報，大腦仍會試著把它們組合起來，盡可能地具體推測「到底發生什麼事」。這是因為**大腦隨時都想掌握我們周遭這個世界的整體樣貌和情況**，換個說法就是……

被害者有心臟病

氣球的碎片掉落在現場

被害者是在點亮的電燈下被發現的

名為「環境敘事」的故事傳達方式。

大腦是講述故事的器官。它是講述「你的人生」這個故事的旁白，透過眼、鼻、耳等無數感應器收集片段的情報並加以整合，然後對照自己經歷過的人生，推測「這件發生在眼前的事究竟是什麼」的意義，連接相關脈絡……這就是大腦出自本能的職責。

如果失去這個本能，我們的人生就會失去脈絡，馬上變得支離破碎吧！你之所以會覺得自己的人生是一個從過去一直聯繫到未來的獨一無二的故事，而非片段紀錄的集合體，就是多虧了大腦所擁有的**「說故事本能」**的力量。

遊戲充分利用了這個說故事本能，手法則是透過剛剛提到的「環境敘事」分別提供片段的情報。這就是用來刺激說故事本能的傳達方式之一。

不過話說回來，也不是把所有東西打散再隨意配置就好。**每個構成遊戲的畫面裡，也是有所謂「排列方法」這種東西存在……**

到底發生了
什麼事？

被害者有心臟病

氣球的碎片掉落在現場

被害者是在點亮的電燈下被發現的

首先，就從「為遊戲當中的各種場景進行分類」這部分開始討論吧！我們就大刀闊斧，直接概分成三個類別。

1影片　因為可以靜下來仔細觀看，所以能得到許多情報。因為完全無法進行操作，所以是被動的體驗。

2探索　雖然不及動畫，但還是可以得到相當程度的情報。可以依照自己的步調進行操作。

3戰鬥　因為狀況十分緊急迫切，所以可獲得的情報非常少。為了保護自己，被迫集中注意力進行主動的操作。

若是把這三個類別畫成圖表，就會變成左頁那樣，**縱軸表示情報量，橫軸則表示體驗屬於被動或主動**。整理出來之後，感覺遊戲這項體驗看起來似乎意外地簡單呢！

難得整理出三種場景分類，就用這張圖表來分析《最後生還者》和《風之旅人》吧！

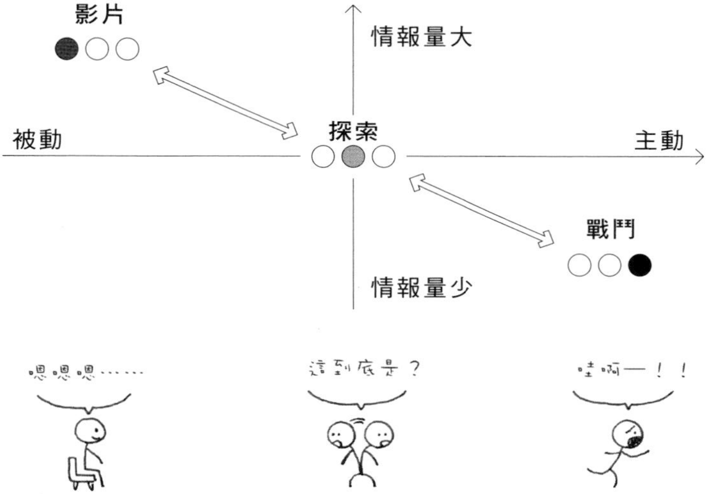

遊戲場景的三大分類

遊戲場景可以概分成三個類別。

我把這兩款遊戲的開局場景結構整理成頁面下半部的圖表。請先不要看每個場景的詳細說明，集中在折線圖部分就好。

進入情報量較多的被動場景時，折線圖就會往上跳，至於情報量較少的主動場景則會讓折線圖的線往下降。

……看過之後，你有感覺到什麼嗎？不覺得變得有點像是波浪嗎？這正是敘述一個故事的重點所在，利用每個場景包含的情報量和主動、被動形式，**用這兩種要素製造出高低起伏的波浪**。

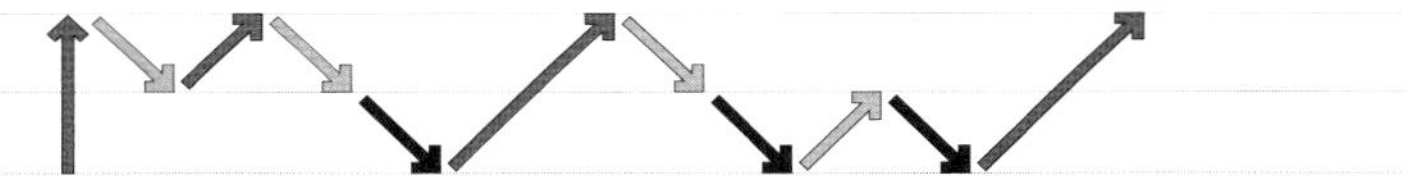

●○○ 影片：喬爾和女兒莎拉和平的日常生活。
○●○ 探索：操作莎拉，在深夜的家中探索喬爾。
●○○ 影片：喬爾和莎拉試圖逃出城鎮的模樣。
○●○ 探索：操作莎拉，從車窗觀察陷入混亂的街道。
○○● 戰鬥：操作喬爾，毫不猶豫地逃離持續襲擊而來的感染者。
●○○ 影片：莎拉死亡，20 年後喬爾和夥伴泰絲進行對話。
○●○ 探索：探索封鎖的街道，尋找通往有感染者遊蕩的外界管道。
○○● 戰鬥：在街道外被感染者襲擊。
○●○ 探索：解開謎題，重新連上道路之後，在黑市探索宿敵的下落。
○○● 戰鬥：在宿敵的根據地和他的部下戰鬥。
●○○ 影片：觀察兩人從宿敵口中逼問情報的模樣。

《最後生還者》開局場景結構

這個做法並不限於遊戲，各式各樣的作品內容都擁有同樣的結構，一般稱之為**「節奏與對比」**。本書也遵循這個說法，將之稱為節奏與對比主題。

利用節奏與對比製造波狀起伏的理由有兩個。第一個理由很單純，因為沒有起伏就會造成疲憊與厭煩，追求的效果和驚奇設計一樣。

至於利用節奏和對比製造波狀起伏的另一個理由是……

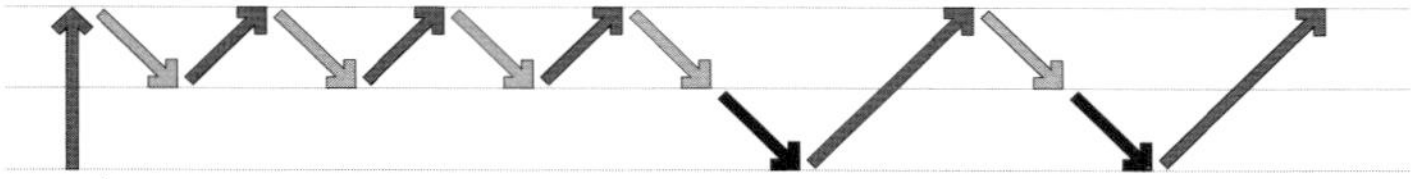

●○○ 影片：觀察山頂飛出光芒的模樣。
○●○ 探索：操作主角，漫無目的地探索沙漠。
●○○ 影片：主角從神秘的存在身上接收啟示，讓人聯想到這個世界的真相。
○●○ 探索：繼續探索沙漠，出現和主角相似的同行者。
●○○ 影片：再次觀察神秘存在所給予的情報。
○●○ 探索：繼續探索沙漠。
●○○ 影片：再次觀察神秘存在所給予的情報。
○●○ 探索：繼續探索沙漠。
○○● 戰鬥：滑下沙漠的深谷。
●○○ 影片：再次觀察神秘存在所給予的情報。
○●○ 探索：探索地下遺跡。
○○● 戰鬥：被神秘的敵對存在攻擊，逃走。
●○○ 影片：再次觀察神秘存在所給予的情報。

《風之旅人》開局場景結構

為了讓說故事本能所進行的未來預測變得單純而簡單，這次追求的效果則是跟直覺設計有點像呢！

首先把每個場景縮短，**盡可能地減少玩家在場景當中所必須理解的事情**。透過減少每個場景的情報量，故事就會變得更容易理解，之後的發展也更容易預測，最後產生出節奏。

在此基礎上，再製作「影片→探索→戰鬥→影片」這種對比強烈的波狀起伏。玩家會在無意識當中察覺起伏模式，之後甚至可以做出「影片已經結束，所以差不多要開始探索了」、「已經打完強大的敵人，接下來肯定會進入影片，故事會進一步發展」這種宛如預言的預測。

節奏與對比，能讓一連串體驗像波浪般輕柔搖蕩，讓人忘記時間。**在體驗設計當中，時間這個概念無時無刻都非常重要**。

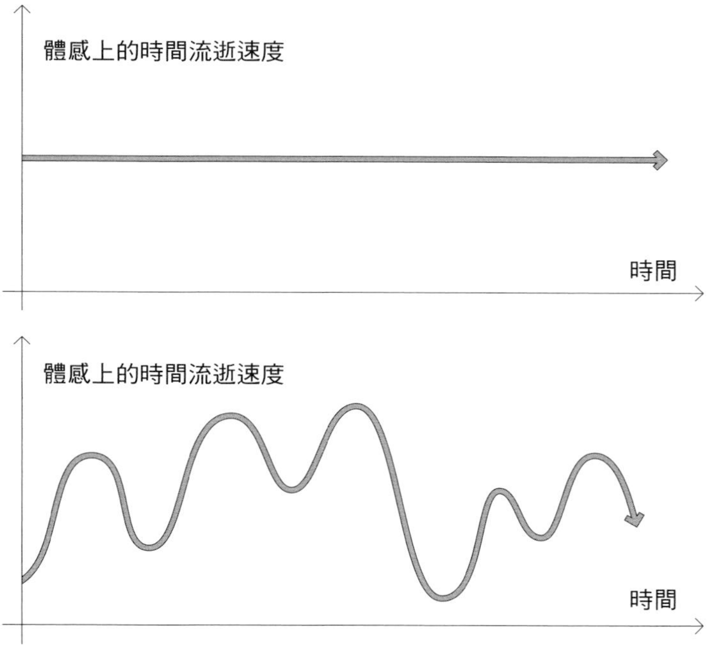

順著時間軸上下起伏的節奏與對比

「笑，就是緊張與緩和。」

這句話是落語家桂枝雀老師說的。當一觸即發的緊張感獲得緩和時，人們就會笑……這是字面上的意義。然而更進一步深入探討的話，也可以這樣解釋：不能一個勁地讓人強烈緊張，也不能一個勁地強烈緩和。**先讓人緊張之後再緩和，這樣的體驗順序是很重要的**。

同理，只要改變看法，節奏和對比這種思考方式也一樣是如何在時間軸上配置情報……換句話說，就是關於體驗順序的戰略。該怎麼在直線流逝的時間軸上排列體驗？這完全就是體驗設計的領域。

基於這層意義，在環境敘事、節奏與對比之後還要加上第三個主題，也就是時間。如同左圖，**有某個情報在還沒揭示真正用意的情況下先行提示出來，然後再透過時間差讓人察覺它的真正用意**。這是一種非常複雜費事的技巧，而我們都是如何稱呼它的呢……

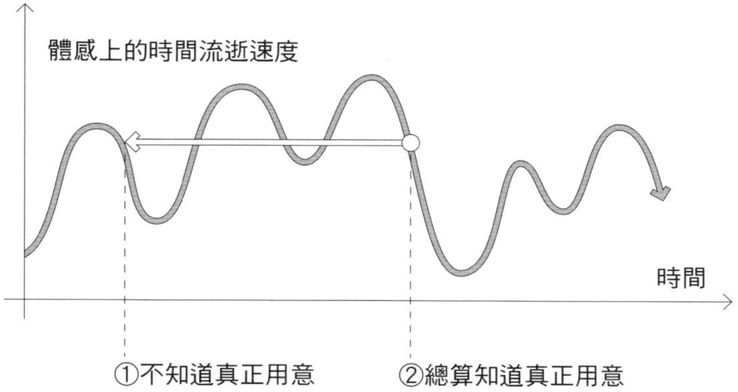

跨越時間差，讓人察覺真相

隱藏真正的用意，蟄伏其下……我們稱之為**伏筆**。

「原來那個場景的那個竟然是這個意思嗎！」這種發現的快感十分強烈，甚至讓人忍不住想告訴別人「那個喔，其實是……」。為了製造一口氣了解劇情所帶來的快感而設置的機關，就是所謂的伏筆。

以《風之旅人》為例，遊戲一開始雖然有個神秘的光球飛越天空的場景，但沒有任何說明，這就是伏筆。

另一方面，出現在《最後生還者》的伏筆比較複雜一點。遊戲開始沒多久，有個被真菌感染，不久後勢必變成殭屍的男人登場，他拜託玩家「在我變成殭屍之前殺了我」。為什麼遊戲設計者要在遊戲開頭這麼重要的時間點，描繪這樣的場景？這一幕其實也發揮了伏筆的功能。

關於這幾個伏筆的解釋，之後會再找機會進行（真對不起），現在我想先把目前提過的三個主題的相關討論整理一下。

《最後生還者》拜託玩家殺死自己的男子

《風之旅人》神秘的光球

為了讓人事後才了解真正目的，名為伏筆的體驗設計。

環境敘事、節奏與對比，還有伏筆。這三個主題全部都是為了刺激玩家所擁有的說故事本能，是為了讓玩家自己成為遊戲的旁白，講述這個故事的體驗設計。

從另一方面來看，玩家一直被這個沒有明確解釋眼前事件的遊戲耍得團團轉。但玩家會因為被遊戲獨特的講述手法戲弄，整個人就陷入消沉嗎？完全沒有這回事。大概是因為**對大腦來說，動用五感和思考講述故事是一種非常充實的體驗吧**。

本書想把這類體驗稱之為**「戲弄」**。故事設計的第一步就是戲弄，然後故事設計才能真正開始。透過戲弄來引出玩家的說故事本能，再把他們拉進故事裡。

……呼。各位，雖然有點突然，不過我們現在先**休息一下**吧！

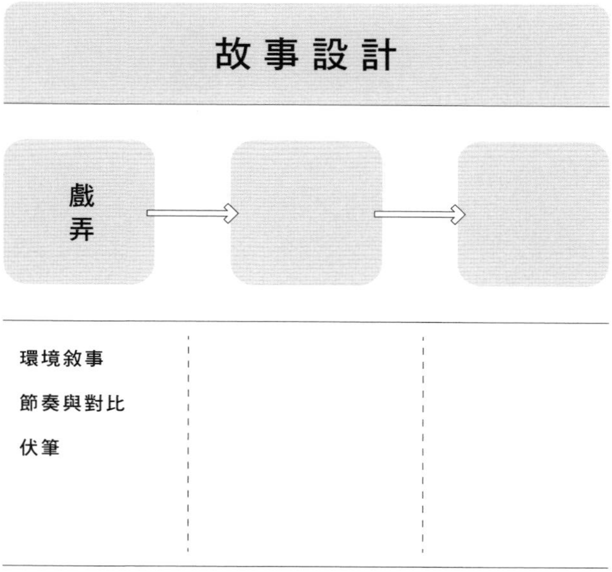

故事設計的第 1 步：戲弄

哎呀哎呀，真是辛苦了，請喝點東西吧！

你覺得這本書怎麼樣呢？看到這裡，心裡是否有什麼東西產生變化了呢？我想應該有一些「看了這本書，感覺自己出現了這樣的變化」之類的事情出現吧……

咦？完全沒有任何變化？

這這這、這真是非常抱歉。可是……我知道這樣很失禮，不過還是冒昧想說一句，像這種看了也無法讓自己有所改變的書竟然還有辦法看到這裡，您可真是了不起啊！如果這是一款遊戲，一款無法讓人感受到實際成長的遊戲，玩家肯定會瞬間關機然後折片丟掉吧！

不論遊戲當中的主角成長了多少，都沒有任何意義。因為**只有玩家獲得成長才是遊戲的意義，玩遊戲才有價值**。

玩家自己獲得成長才是遊戲的意義所在。

隨著遊戲裡的故事發展，遊戲裡的主角會持續成長。然而他畢竟是遊戲裡的主角，只是個虛構的存在，所以**不論主角成長到什麼地步，對玩家都不會造成任何影響**。

畢竟玩家只是坐在主機前面握著把手而已，這樣一來，遊戲當然不會帶來任何成長。正因為如此，遊戲才要用戲弄玩家似的說故事方式，藉此讓玩家靠自己的力量理解、講述「到底發生了什麼事」。

其實遊戲設計者試圖透過故事感動玩家的狀況，可說是幾乎沒有。**遊戲當中逐漸發展的虛構故事，其實只是為了設計出能讓玩家成長的體驗所採用的手段而已**。

遊戲設計者真正想要描述的並不是遊戲裡「虛構的故事」，而是讓玩家自己逐漸成長，一種應該被稱為「玩家的故事」的故事。

【虛構的故事】 虛構的主角在虛構的世界裡進行探訪的故事，只是為了創造「讓玩家成長」這個體驗所採取的手段。

【玩家的故事】 透過遊戲這個體驗，由玩家自己進行探訪的故事。必須讓現實當中的玩家，在現實世界獲得真實的成長才行。

說到這裡，需要討論的問題就只剩下一個：為了讓玩家在現實當中獲得成長，到底該描述什麼樣的故事才好？

所以呢，現在我想舉出大概三個主題，討論關於讓玩家獲得成長的設計體驗。

首先就從本書慣例的實驗開始吧！請一邊看著下一頁右手邊的圖，一邊觀察自己內心浮現出什麼東西。

12 45678

仔細看過右圖的各位，相信心裡一定浮現出某個數字，那就是「3」。理由應該不必再說明，總之這個實驗的重點在於我們的習性——**「想要填滿空格」**。想把空格填起來，想讓整體看起來漂亮、完整……我們很難壓下這份感覺。

至於沒有人想到「9」這個數字則是另一個重點。我們會先掌握整體樣貌「寫著1到8」然後才走上「想要填空」的思路。因為如果沒有事先意識到整體樣貌的範圍和共通性質，我們就無法把空格視為空格了。說得更簡單一點，這是因為我們找不到應該填入「數字9」的空格。

反過來看，其實**只要能看出空格就行了**。有空格就想要填滿……不對，是直接動手填下去。不論有多少空格，只要能認知到最後填上所有空格的整體樣貌，我們就會一再地動手填補。有個體驗設計就是利用了這種心理狀態，那就是……

只要有空格就想填起來，想把所有東西都收集起來。

名為「收集」的體驗設計，幾乎所有遊戲都會採用這個熱門設計。不過這也是應該的，再也沒有比收集這個體驗設計更輕易讓玩家獲得成長了。因為**收集過程中，玩家會不斷重複相同的體驗，最後自然而然地成長**。

例如在Gameboy（一九八九年，任天堂）掌機上發售、引爆熱銷的《寶可夢》（一九九六年，任天堂）。據說有很多父母看到孩子牢牢記住了一百五十一隻寶可夢的資料，都忍不住嘆息「要是念書也能記這麼熟該有多好」。不過孩子們能記住寶可夢，其實是很正常的。遊戲一開始，就要孩子從三隻寶可夢當中挑選一隻，而且之後又拿到一本空白的寶可夢圖鑑。因為遊戲先是瘋狂讓孩子意識到整體樣貌和空格，然後又不斷反覆經歷捕捉寶可夢的體驗，這樣當然不可能記不住。

我們可以看出基本結構是：**讓玩家意識到空格，然後引導玩家收集並不斷反覆**，進而促使玩家成長。所以……

《寶可夢》的遊戲開頭

我提出「收集與反覆主題」作為第一個關於成長的主題。

收集與反覆主題〔空格與整體樣貌↓收集與反覆↓成長〕

《最後生還者》當中，只有在遊戲開頭例外地出現了兩次說明字幕，分別是「SUMMER」和「20 YEARS LATER」。這組字幕告訴玩家季節還剩下秋、冬、春，以及女兒死亡之後有長達二十年的空白，目的是讓玩家意識到故事當中有個巨大的空格，然後讓玩家收集遺留在世界各地的過去片段，讓玩家自行理解發生過什麼事。

刻意在虛構故事當中設置空格，或是讓人意識到整體樣貌，藉此讓玩家進行收集與反覆，然後成長。遊戲就是像這樣自然地將玩家導向「玩家的故事」。

另一方面，沒有任何文字出現的遊戲《風之旅人》，它的世界當中缺失的空格是什麼？不過答案其實已經幾乎寫出來了……

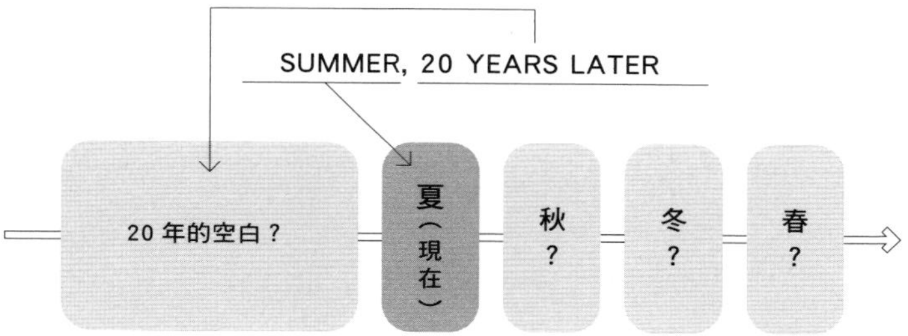

「SUMMER」和「20 YEARS LATER」所提示的空格

對，就是文字。《風之旅人》把文字設定成收集要素。雖說是文字，但實際上是類似神秘古代文字的圖案，完全不知道意思，但玩家依然一邊想著「可能可以知道一些事情」一邊持續地反覆收集。

因為我們的大腦在反覆接收相同體驗的情報之後，腦細胞之間的連結就會增強，下次就會變成更得心應手，這就是成長。反覆是成長的必須條件之一，而最重要的就是**讓人再怎麼反覆都不會厭煩**的體驗設計。

例如收音機體操。大家都是在無意之間跟著做體操，所以意外地很少人發現我們在做體操的途中，其實一直不斷地舉手再放下，次數高達六十六次之多。**如果直接告訴你「雙手舉高六十六次」，肯定不會想照做。**可是，如果準備了許多種類豐富的簡短動作，互相組合編成曲子，完成一個讓人可以做完整套體操的體驗設計，我們也會在不知不覺當中乖乖舉手六十六次。

對了對了，收音機體操還有一個促使我們不斷反覆的要素，那就是……

就算收到舉手 66 次的指令，也不想照做

收音機體操是一種非常優秀的讓人反覆動作的設計。

就是**節拍**。就算沒人要我們這樣做，我們還是會忍不住跟上節拍，或是跟著打拍子。手指輕敲桌面，搖晃身體……只要音樂還在，身體就會永無止境地反覆動作。

真要說起來，**節拍其實就是在時間這條箭頭上等距隔開的空格**。配合節拍填滿空格，能讓我們真切地感受到時間這個無形的事物。我們可能就是靠著打拍子的動作，收集時間之流上無數的空格也說不定。

請讓我在此介紹一個關於節拍的例子。

前幾頁舉了《寶可夢》作為範例，借下來要介紹的遊戲，同樣也是在Gameboy上發售的超熱賣益智類遊戲。別說小孩，連平常不玩遊戲的女性和高年齡層都喜歡，擁有廣大的支持群眾。把不斷往下掉的方塊排好、對齊，然後一個一個消掉。明明只是這樣，卻讓人停不下來，最後開闢出「掉落型益智類遊戲」這個分類的始祖作品就是……

即使是看不見的時間，只要有節拍就能真切感受其存在

知名大作**《俄羅斯方塊》**（一九八九年，任天堂）。明明只是把方塊消掉而已，為什麼就是停不下來？理由其實也在於節拍。

即使只是瞄一眼左邊的示意圖，就會讓人產生「該把這個方塊放在哪裡好？」的念頭，對吧？這設計真的是非常強大。**每放下一個方塊，舞臺上就會自然而然形成空格。**至於填滿橫向一整列就能消掉方塊的規則，也能從中隱約看出收集要素。

那麼接下來要問的就是「節拍要素在哪裡？」……這就是問題所在。《俄羅斯方塊》基本上就是「讓方塊掉到畫面最底下之後，下個方塊就會在畫面最上方出現」，然後不斷反覆。在這種狀況下，放好一個方塊到下一個方塊出現的中間要有所間隔，而這個節拍就是重點所在……問題來了，**到底要間隔幾秒，才最能促進玩家做出反覆動作呢？**

①約1秒　②約1／10秒　③不留間隔

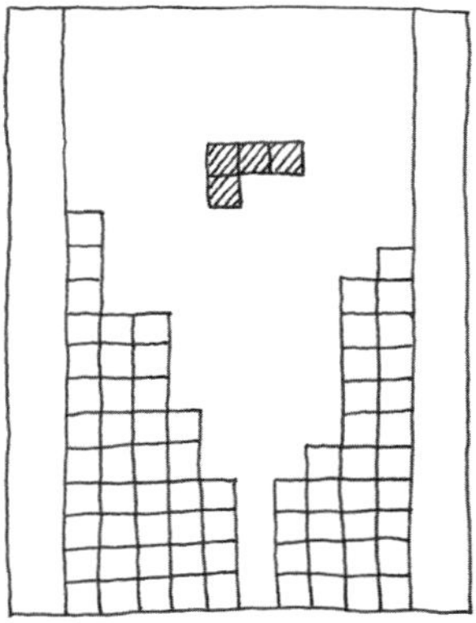

《俄羅斯方塊》

俄羅斯方塊當中的空格和整體樣貌，還有不斷反覆的節拍。

出乎意料的是，答案是**③不留間隔**。

讓方塊無縫接軌直接落下。在此我想舉出心理學的柴嘉尼效應（Zeigarnik Effect）來作為這種體驗設計能夠促成反覆動作發生的依據。面對已經解決的問題，我們的內心會一口氣失去緊張感，然而對於尚未徹底解決的問題則會持續緊張……這樣的內心狀態就是柴嘉尼效應。感覺還是很難懂，我來總結一下好了：**「只要問題一直處在尚未解決的狀態，就能讓人維持緊張感。」**

透過毫不間斷地丟下方塊，玩家就沒有解除緊張感的空隙，甚至無法得到任何停下遊戲的機會。《俄羅斯方塊》的設計就是如此。因為沒辦法停下來，所以自然而然地開始反覆「思考方塊的擺放位置」這項作業，最後變得越來越熟練，越來越停不下來。丟下方塊的節拍，正是發揮決定性功效的重要設計。

先討論到這裡，我們來把收集與反覆主題重新彙整一下吧！

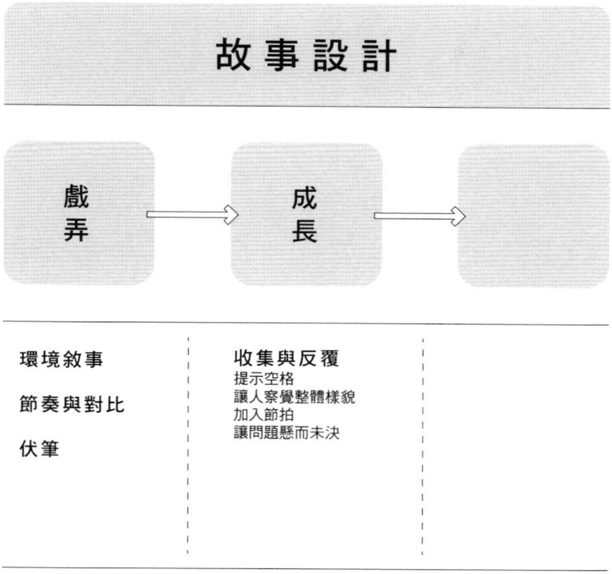

故事設計的第 2 步：
收集與反覆主題

讓問題保持懸而未決，能夠維持緊張感。

收集與反覆主題〔空格與整體樣貌↓收集與反覆↓成長〕

我們都知道，任何事情只要不斷反覆就會變得越來越得心應手，但我們總是會加進各種理由，像是累了、倦了，因而停止反覆。**如果有哪一件事可以讓我們不知疲倦為何物，不斷反覆的話，那應該稱為才能或是天職吧。**人生就像這樣不斷反覆，尋找某種事物，要是能找到真的非常幸運。從這一方面來看，遊戲可能就是為許多人提供了「我也可以一直反覆做下去」的價值也說不定。

不斷反覆，然後獲得成長……既然都已經發展到這裡，這次我想貪心一點，挑戰更高難度的事情。第二個主題將會在此派上用場。

這個體驗設計非常簡單，而且遊戲裡也經常出現，所以你只要看一下接下來提出的例子就行了。左頁提出了兩個遊戲的設計範例，請回答他們之間的共通點。

殭屍出現了，主角手中有下列兩種武器

A

不會發出聲音，一擊就能讓
敵人立刻無力化的小刀 2 把
（必須接近才能使用）

B

會發出聲音，只要幾發子彈
就能讓敵人無力化的手槍，子彈 8 發
（不必接近也能使用）

你會用哪一種武器打倒敵人？

正在搜索能力提升道具的時候，旅伴擅自繼續往下走

A

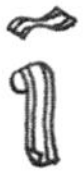

繼續搜索能力提升道具
（可能會跟旅伴走散）

B

跟著旅伴一起走
（無法得到能力提升道具）

你會選擇哪一邊？

這兩個設計的共通點是？

能夠不斷反覆
＝那件事在人生當中
具有意義。

有點難，對吧？真是對不起。

《最後生還者》和《風之旅人》都是比較新的遊戲，應該有不少人沒玩過，而且也很難想像，所以我想舉另一個各位比較熟悉的例子。

左頁整理了大家都知道的《超級瑪利歐》操作方法。如果按住B鍵進行移動，就能用兩倍的速度衝刺……通稱**「B快跑」**。玩家用或不用這個功能，會讓整個遊戲體驗出現一百八十度大轉變。

A　用走路方式冒險，可以冷靜處理掉落的道具和敵人，但真的很慢。

B　用跑步方式冒險，雖然需要高速操作但是速度很快，感覺很爽快。

低風險、低報酬和高風險、高報酬，你看出這個對比了嗎？這就是我接下來想要介紹的主題。

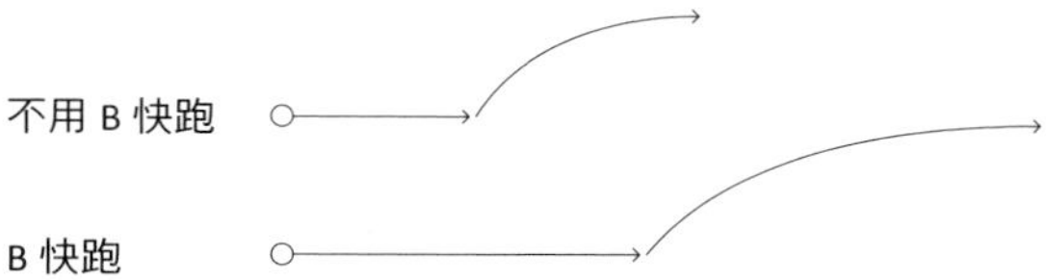

用或不用B快跑所帶來的不同風險與報酬。

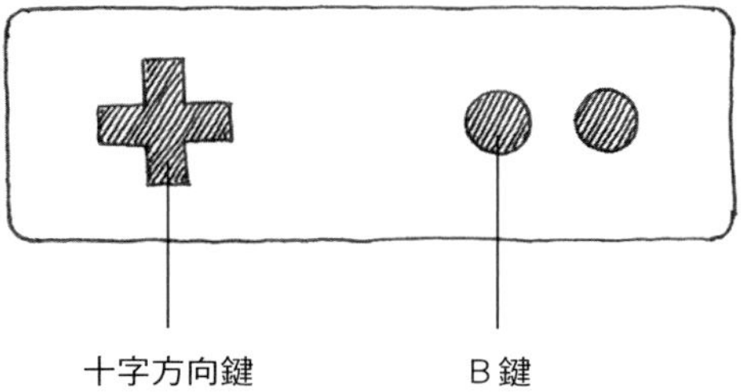

B快跑

刀子和手槍，道具和旅伴，走路或跑步。每個選項都各有各的風險和報酬，不論選哪一個都不會兩全其美。

正因為如此，玩家必須**靠自己的直覺做出選擇、裁量，逐步組合建立自己的冒險**。從遊戲設計者的角度來看，他們只是準備了風險和報酬各異的多種選項，設計出讓玩家進行裁量的體驗。當玩家做出良好的選擇與裁量時，就能真切感受到自己的成長。

選擇與裁量主題（風險和報酬↓選擇與裁量↓成長）

「選擇與裁量主題」就是帶來成長的第二個主題，雖然簡單，卻是非常強大的體驗設計。只要配合先前提到的收集主題，就能讓玩家出現驚人的成長。

不過話說回來……對玩家來說，這類體驗不一定全部都是好的。畢竟這會對玩家帶來龐大的壓力。

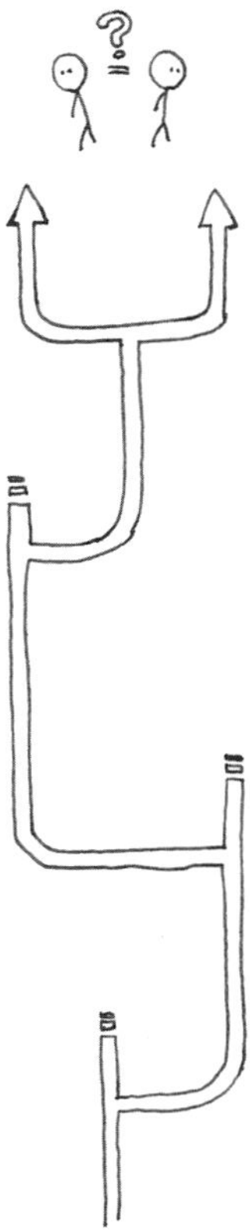

做出選擇、裁量，逐步組合建立自己的冒險

不斷重複猶豫同樣的事，收集與反覆、選擇與裁量的體驗是伴隨著壓力的。但玩家之所以不會陷入「鬼才會玩壓力這麼大的遊戲！」的狀態，理由如下。

收集與反覆的理由很簡單，因為可以抄其他捷徑。如果某個收集對象實在拿不到，那就去收集其他比較簡單的東西就好，玩家會選擇簡單的那一個……換句話說，**收集主題具備了調整遊戲難易度的功能**。

就**具備遊戲難易度調整功能**這一方面來說，**選擇與裁量主題也是一樣的**。就像《超級瑪利歐》的B快跑，遇到難跑的地方，改用走的就行……只要這樣做就行了。在這層意義下，我們可以說當玩家決定只用B快跑的時候，其實也同時決定了遊戲的難易度。

由玩家決定的難易度調整，這就是**成長不可或缺的要素**。

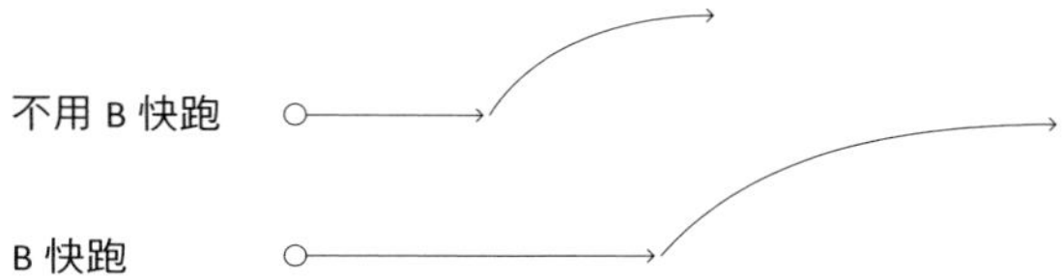

只要根據當下情況
選擇使用／不使用B快跑即可

玩家會依照自己的感覺調整難易度，做出適合自身能力的選擇，然後付出最大的努力。簡單來說，就算放任不管，玩家也會擅自**選擇「對每一個玩家來說剛剛好的難度」來進行遊戲**。這就是為什麼遊戲可以為無數玩家帶來最大程度的成長。哎呀呀，這真是非常合理的機制呢！

不過話又說回來，也不是所有狀況都能進行調整，像是當玩家犯下明顯失誤的時候，遊戲也會故意把他們推開。例如《超級瑪利歐》，當玩家一時得意忘形，全場都用B快跑遊玩，結果被最弱的敵人壞蘑菇撞死了。這種情況下，玩家能否歸咎自己**「都是我自找的」**是非常重要的一點。當虛構故事裡的瑪利歐死掉的時候，玩家能不能把這件事視為自己的事，而不是覺得「與我無關」？

雖然有壓力，但**遊戲必須讓玩家覺得「失敗都是玩家你的錯」**。你可能會覺得有點殘酷，不過……

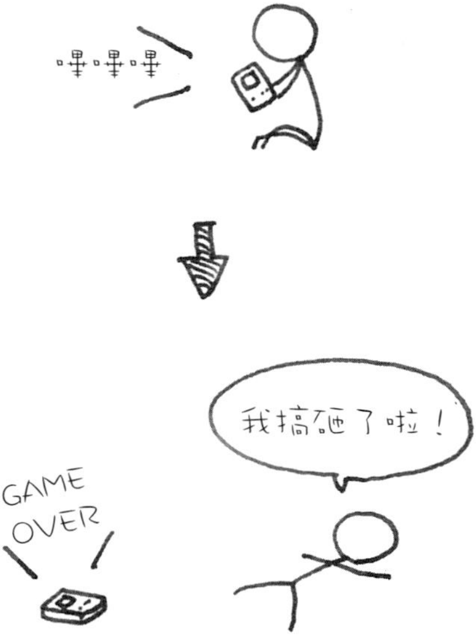

是否覺得失敗都是自己的錯

這也是沒有辦法的事。為了讓玩家發自內心地「想要玩得更好、想要成長」就只能讓他們經歷失敗，然後把失敗當成自己切身的事情深深後悔。對此，遊戲會把後悔之情換成讚美百倍奉還，告訴他們「你們做得很好」。換成更強烈的說法，我們甚至可以說**遊戲只是用最恰當的力道貶低或讚美玩家而已**。

玩家行動的好壞化為優劣評價回到自己的身上，遊戲業界特地把這個狀況稱為**回饋**。因為有回饋，玩家才能首度掌握自己的選擇與裁量具有什麼意義，同時也能讓玩家獲得「我做得很好」、「我搞砸了」等等以玩家自己為主語的真切感受。

仔細想想，如果玩家不能進行任何選擇或裁量，不論做出什麼行動，得到的反應都一樣……這種遊戲當然不可能好玩嘛。遊戲永遠都要順著玩家的行動做出回饋反應，這才是**遊戲最根本的基本結構**。

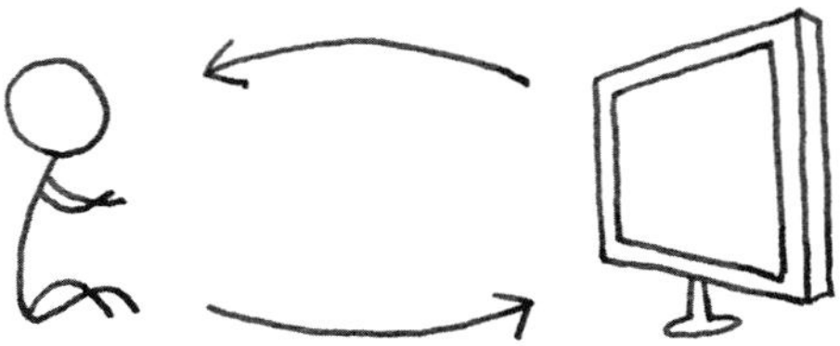

對玩家行動的回饋，會回到玩家自己身上

遊戲最根本的基本結構，就是用輸出來回應玩家的輸入。玩家做了什麼，就會得到什麼回饋。基於這種性質，一般人普遍認為**遊戲具有相互作用，是一種互動式媒體**。遊戲對玩家的一舉一動都會有所反應並進行相互作用，藉此引出玩家的自我效能，最後進一步引導玩家萌生想要成長的意願。

選擇與裁量主題（風險和報酬↓選擇與裁量↓成長）

好，這麼一來就有兩個關於成長的主題了。收集與反覆主題，還有選擇與裁量主題，這兩者都是正面面對玩家、直接加以鍛鍊，完全不拐彎抹角，試圖讓玩家在訓練之下扎扎實實地成長。

可是最後一個成長主題，採取的是完全相反的路徑。做法是妨礙玩家成長，告訴他們成長沒有任何意義，再冷漠地把人一把推開。最過分的是，妨礙主角成長的人就是**主角最重要的夥伴**。

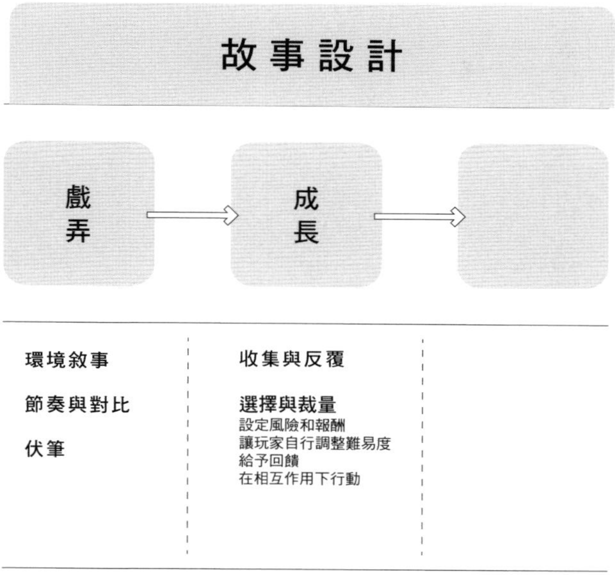
故事設計
戲弄
成長
環境敘事
節奏與對比
伏筆
收集與反覆
選擇與裁量
設定風險和報酬
讓玩家自行調整難易度
給予回饋
在相互作用下行動

選擇與裁量主題

在《最後生還者》裡，人類正瀕臨滅亡危機。掌握世界命運的**少女艾莉**是和主角**一起旅行的同伴**。另一方面，《風之旅人》則是有個**神秘的同行者**忽然出現在主角面前，雖然身形打扮和主角一模一樣，但對方總是隨心所欲地到處走動。有旅行同伴存在就是這兩款遊戲的共通點。

主角和艾莉初次見面時，艾莉試圖用刀子刺殺主角，場面相當刺激。旅途中，即使主角從殭屍手中救下艾莉，艾莉也依然不相信主角，甚至滿口惡言。簡單來說，就是討厭主角。

另一方面，《風之旅人》裡的神秘旅伴並沒有表現出討厭主角的樣子。但是，因為遊戲裡根本沒有跟神秘旅伴溝通的手段（畢竟這遊戲裡沒有語言出現），所以擅自走來走去的旅伴完全是個謎團……是真的謎團，完全無法理解。

那麼，根據這些例子，我們得知這兩款遊戲裡出現的兩個旅行同伴有個共通特徵，因此**帶給玩家某種共通的情感**……這份情感是？

兩個同行者共通的行為舉止，帶給玩家某種情感

《最後生還者》和《風之旅人》的共通點就是都有旅伴存在。

兩個旅伴的相同之處，就是**行為舉止讓玩家感到十分煩躁**。儘管玩家為了拯救世界而努力通過先前提到的成長主題，持續獲得成長，但身邊的同行者不僅不當一回事，甚至出言嘲笑，讓玩家覺得自己的努力毫無意義可言。

一般來說，旅途中的同伴和冒險的夥伴最好是溫柔可靠的人，擁有和玩家相同的想法而且勇於面對邪惡。那麼為什麼遊戲設計者要把同行者描繪成激怒玩家的人，也就是完全相反的存在呢？

我真的非常想從零開始依序說明這個問題，不過在此先說結論。**關於成長的第三個主題和「共感」息息相關**。若是想設計出玩家能夠獲得同理心的體驗，其關鍵就在於「麻煩的旅伴」。

麻煩的旅伴為什麼會連結到共感？真要說起來，「共感」這種體驗和成長是怎麼扯上關係的？想必你一定摸不著頭緒吧，我現在就開始說明。

○○與共感主題〔麻煩的同行者→○○和共感→成長〕

旅行同伴必須設計成讓玩家覺得煩躁的角色。

透過讓人煩躁的旅伴，發展出共感和成長。為了解開這一連串謎題，首先就從**「說起來共感到底是指什麼樣的狀態」**這個基本概念開始說明吧！用一句話來說，所謂共感就是「覺得對方一定和自己一樣強烈想著同樣的事情」而且對此深信不疑的狀態。這個狀態的必要條件有三個。

第一個條件是**玩家對主角感興趣**。說起來理所當然，如果自己對對方不感興趣，當然不可能共感。

第二個條件是玩家必須真心相信**「主角一定跟自己擁有一模一樣的想法」**，這是共感的核心所在。

第三個條件，**共感的感情必須是憎惡以外的感情**。像「都是那傢伙不好，那傢伙真可恨」這種把責任推到別人身上的想法是無法和成長有所連結的，請無論如何都要避免。

設計者通常都會設計出滿足這三個條件的體驗，促使玩家和主角共感。可是關於這三個條件，遊戲一開始……

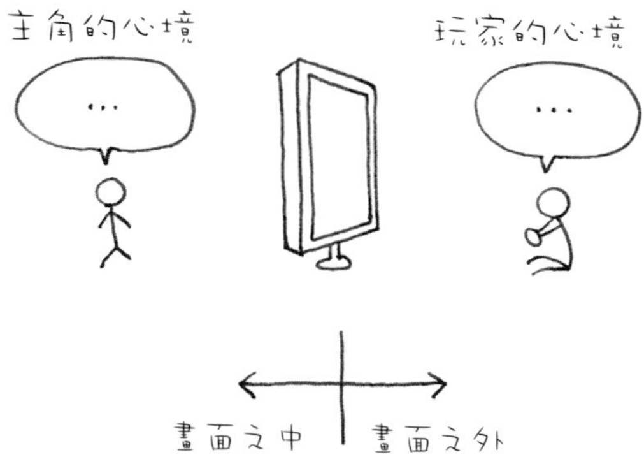

畫面之中的主角，畫面之外的玩家

連一個條件都沒有滿足。玩家開始遊戲時，只是從螢幕之外注視著遊戲畫面裡的主角而已。想在這種冷冰冰的狀態下，設計出可以滿足共感條件一「對主角感興趣」的設計，做法其實有點恐怖……就是讓遊戲裡的主角徹底遭受苦難折磨。

這裡必須請你回想一下先前在分析《俄羅斯方塊》時提到的「柴嘉尼效應」：現今尚未解決的問題會引起我們的興趣。例如已經發現左頁上方有個奇妙印痕（這是刻意印出來的設計，並非印刷失誤）的讀者們，現在肯定對那個痕跡在意得要死吧。

同理，這也可以套用在故事結構上。為了讓人對故事產生興趣，**故事剛開始一定要提出某個尚未解決的問題**。而且和那個未決問題之間擁有最強關聯性，被視為問題始作俑者的倒楣鬼，正是我們的主角。反過來說，「未決問題的始作俑者」正是主角被視為主角的理由。

還有另一個根據可以證明「讓主角受折磨」會勾起玩家的興趣。

受折磨

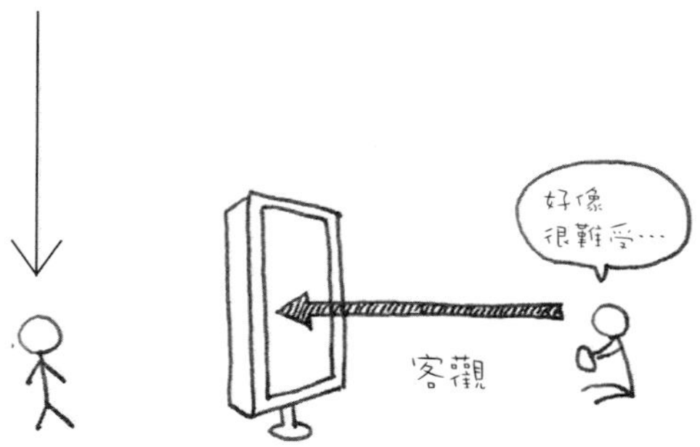

畫面之中的主角，畫面之外的玩家

讓主角遭受苦難折磨，是為了勾起玩家的興趣。

我們的大腦裡，已知有數十個被稱為**「鏡像神經元」**的領域存在。若是用最粗略的說法來解釋，鏡像神經元就是**「把眼前另一個人的感情當成自己的感情，掌管內心悸動的神經細胞群」**。當眼前有人放聲大笑的時候，連自己也會跟著開心；相反地，如果眼前有人正在絕望，自己也會開始感到悲傷……這種充滿人性的內心感動原動力，正是來自於鏡像神經元。

由此可知，只要強烈撼動主角的內心，就能同樣強烈撼動玩家的內心。這就是**讓主角引發嚴重的問題，讓他徹底陷入不幸、遭受折磨的殘忍設計的目的之所在**。你可能會覺得自己並不想做這種事，但這是身為體驗設計者所必備的技能。

如此一來，總算滿足了一個共感的條件。因為主角的不幸遭遇，玩家開始對主角產生了興趣。可是旅伴現在還沒出現呢……通往真正共感的道路似乎還有很長一段路要走。下一個條件是**「玩家和主角擁有同樣的想法」**。這正是共感體驗的試金石，是決定勝負的分水嶺。

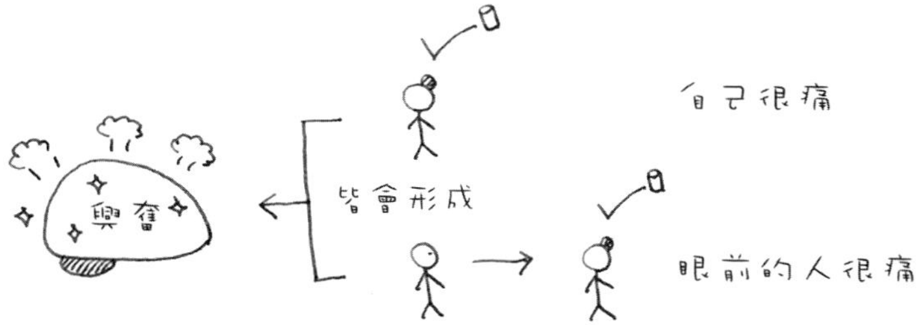

共感的動力來源：「鏡像神經元」

我們透過折磨主角成功引出了玩家的興趣，然而現階段玩家和主角依然各自為政，感覺像這樣。

玩家　**客觀**地感覺「主角看起來很痛苦、很悲傷的樣子」。

主角　**主觀**地感覺「我好痛苦，我好悲傷」。

主觀和客觀……情感的走向可說是完全相反。再這樣下去，不管過多久玩家都不會覺得「主角應該和自己擁有同樣的心情」。因為最理想的目標是玩家自己主觀感受到某種感覺，所以**必須讓玩家的心情產生一百八十度的轉換，從客觀變成主觀**。

問題來了。為了達到共感，遊戲設計者想要達成的目標是讓玩家和主角都能主觀感受到「〇〇很△△」。這個情況下，若是把一個不是主角也不是玩家的人帶入〇〇，效果將會非常顯著……所以**帶入〇〇的這個人物到底是誰呢？**

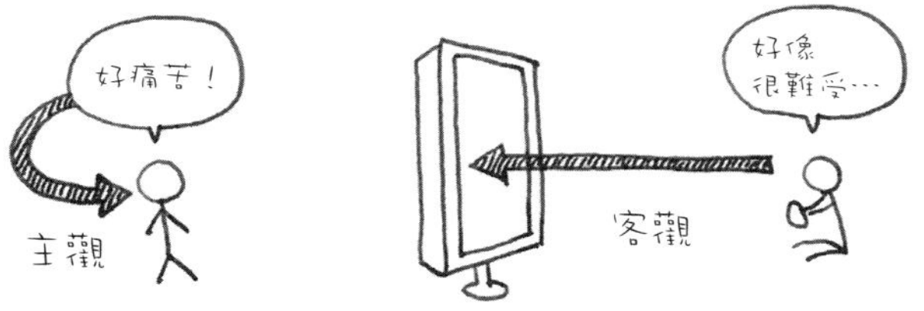

畫面之中的主角，畫面之外的玩家

玩家客觀，主角主觀。

各位應該可以想像吧？這裡總算輪到**「麻煩的旅伴」**登場了。麻煩的旅伴總是妨礙主角的冒險，總是口出惡言，總是做出無法理解的行動。這時，玩家和主角會變成這種狀態。

玩家　**主觀**地認為「這旅伴有夠讓人火大」。

主角　**主觀**地認為「這旅伴有夠讓人火大」。

感情的走向完美重疊在一起了呢！這正是設計者想要的結果。情感的走向統一成主觀，這就是邁向共感的第一步！

這裡似乎得到了一個皆大歡喜的總結，但仔細想想，玩家和主角都只是感覺煩躁而已，實在不算是個好狀況。真要說起來，為什麼旅伴非得是個麻煩人物不可？感覺就算換成優秀的旅伴，應該也能獲得「這旅伴好厲害啊」的共感吧？這個嘛，理由當然是有的。**為什麼旅伴非得讓人覺得頭痛才行？**

畫面之中的主角，畫面之外的玩家

旅伴的存在統一了主觀／客觀的情感走向。

理由有二。

第一，如果想要更有效地折磨主角，最好的選擇就是最接近主角的對象，也就是旅伴。因為**旅伴可以在主角身邊永無止境地引發各種問題**。如果不知道問題來源是誰還可以直接無視，但這是旅伴挑起的問題，所以沒辦法假裝沒看到。

真要說的話，**持續提供問題給主角其實就是旅伴的宿命**。麻煩的旅伴才正是不斷推動故事前進，同時讓玩家對主角產生興趣的動力來源。

至於另一個旅伴非得讓人感到頭痛的理由，則和共感條件三「以憎惡之外的感情進行共感」有關……

雖然有點突然，不過我們來做個實驗吧。**請你回想一下你目前最討厭的人**（可能光是回想就覺得厭惡）。想好之後，再麻煩你翻下一頁。

提供問題

旅伴會在主角身邊持續引發問題。

接下來，請現在立刻喜歡上你剛剛想到的那個討厭的人。

怎麼樣？你喜歡上對方了嗎？肯定辦不到的對吧？就算有人告訴你「那人其實是個好人，你再考慮一下！」也不可能就這樣點頭答應。

抱歉用我個人的私事舉例，我就是因為做不到這一點，人生過得很痛苦。如果可以原諒討厭的人並且喜歡上對方，最後再成為朋友或夥伴的話，我的人生不知道會變得多麼開闊。如果能超越厭惡的感情，成功與對方共感，我相信自己一定能獲得真正巨大的成長。

而這正是旅伴必須讓人頭痛的第二個理由。所謂**透過共感所獲得的成長，指的其實就是克服憎恨**。為了帶給玩家這種成長，旅伴才會非得是個讓人頭痛的存在。

但是要你喜歡上原本討厭的人，感覺難度超高啊！至於到底該怎麼做才能實現這種體驗……其實非常簡單。

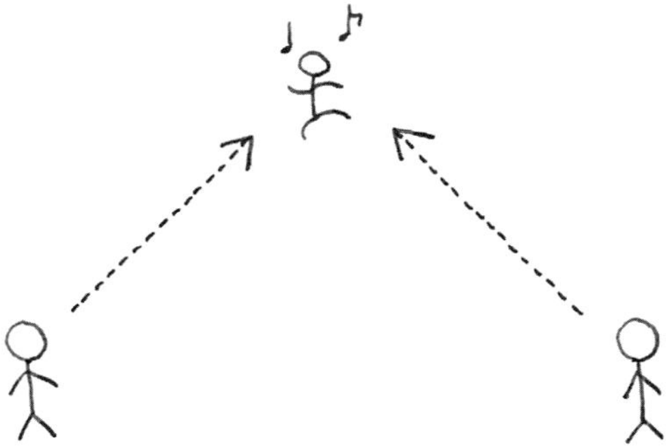

回心轉意，重新審視麻煩的旅伴

只要在看似可以喜歡上旅伴的小插曲之後，**把旅伴逼進瀕死或絕望的深淵即可**。雖然感覺遊戲設計者的個性真的很爛，但是為了讓玩家能夠透過共感獲得成長，再爛也會堅持做下去。

《最後生還者》當中的麻煩旅伴艾莉，被某個為了活過饑荒不惜吃人的聚落族長抓走，陷入生死存亡的危機。《風之旅人》中，旅伴在目的地的山頂附近耗盡力氣，倒在狂風暴雪之中。**「旅、旅伴啊……！」**相信玩家和主角都想這樣大叫吧。

這就是玩家和主角在憎恨之外的情感上出現共感的關鍵瞬間。故事來到尾聲時，原本被旅伴耍得團團轉，心裡異常煩躁的玩家和主角也總算成功跨越了自己對旅伴的厭惡之情。**玩家也已經成長到足以跨越憎恨，與主角共感了。**

關於共感的解說到此告一段落，關於成長的討論也即將邁向終點。辛苦各位了！我們來整理一下目前的內容吧。

透過旅伴的危機，讓玩家共感

先前我們舉出了三個可以讓玩家獲得成長的主題，這些全部都是故事設計的第二步「成長」當中所使用的主題。

收集與反覆主題（空格與整體樣貌→收集與反覆→成長）
選擇與裁量主題（風險和報酬→選擇與裁量→成長）
回心轉意與共感主題（麻煩的同行者→回心轉意與共感→成長）

透過這三個成長主題，玩家持續獲得成長。主角在虛構故事當中所獲得的成長，以及玩家在現實世界當中的成長，當兩者的成長互相重疊時，**「玩遊戲」這個體驗的意義就從普通的娛樂，轉變成讓玩家成長的手段**。

故事已經來到尾聲，雖然不斷遭到戲弄，但依舊持續成長的主角和玩家兩人已經徹底脫胎換骨，變得十分堅強。於是接下來兩人所必須面對的是更為嚴苛、宛如剜心一般的體驗。

故事設計

戲弄 → 成長 →

戲弄	成長	
環境敘事	收集與反覆	
節奏與對比	選擇與裁量	
伏筆	**回心轉意與共感** 讓主角陷入不幸 讓麻煩的旅伴登場 以主觀取代客觀 推翻原本對旅伴的評價	

回心轉意與共感主題

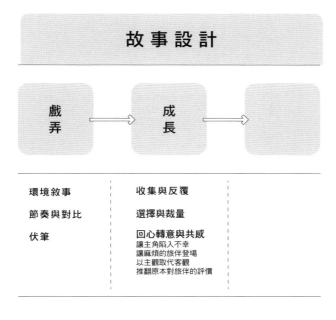

最後生還者

少女艾莉是全人類當中唯一可以抵抗這個侵蝕全世界的真菌的人，所以反政府組織打算透過艾莉的身體製作疫苗，拯救全世界。為了達成這個目的，需要付出絕大的犧牲。

必須摘出艾莉的大腦，才能製作疫苗。也就是說，**疫苗必須用艾莉的生命去交換**。

知道這一點之後，主角喬爾為了拯救艾莉，奮不顧身地隻身潛入反政府組織，經過激烈的戰鬥，最後終於抵達手術室。

出現在手術室裡的人，包含因為麻醉而熟睡的艾莉，還有手無寸鐵、乞求活命的醫生和護理師。如果是你，你會怎麼做？看著滿臉淚水不斷哀求「拜託你不要開槍」的醫生和護理師，你會**放過他們？還是開槍殺了他們？**

風之旅人

旅伴已經因為暴風雪倒下，筋疲力盡的主角也跟著倒了下來。

這時世界忽然被光芒包圍，在神秘存在的幫助下，主角和旅伴飛上雲層，朝著山頂而去。兩人心情舒暢地飛在雲朵上的湛藍天空中，順著道路，前往充滿未知能量的山頂。

朝著山頂前進的旅程終於要告一段落，好不容易才抵達的山頂之上，能看到一座白光滿溢的山谷，以及通往山谷的唯一一條道路。

沒人知道進入那道光芒當中會發生什麼事。會發生好事？還是壞事？完全沒有任何頭緒，而且也可能和旅伴就此分離。如果是你，你會怎麼做？你會下定決心進入光芒之中，**讓旅程結束？還是停下腳步不再前進？**

共通點有二。

生命的交涉主題　讓玩家決定生死的體驗。

未知的體驗主題　玩家從未體驗過的體驗。

那條性命在共感之後已經變得十分重要，而你將親自決定他的生死。在這個至今從未體驗過的狀況下，只能靠自己現在的想法來做出決定。就算說**遊戲就是為了帶來這個體驗才持續描述著虛構故事**，也真的一點都不為過。一切都是為了「讓玩家擁有自己的意志」這項體驗。

故事設計的第三步就是**意志**。讓玩家擁有自己的意志，意思就是**讓玩家自行做出「描繪自己的故事」的決定**。

不是別人給予的故事，而是由自己決定未來的故事。在反覆戲弄與成長的最後，便是讓玩家靠著自己的意志，描繪自己的故事。

實際上，這兩款遊戲發售之後，網路上立刻充滿了無數的「自己做了這樣的行動」的發文。相信其中一定包含了想讓全世界知道自己給了這款遊戲超高評價的心情，但我認為這個行動最根本的理由，應該是**「想要告訴別人自己描繪了什麼故事」的心情**。當自己成功靠自己的腦袋想出如此值得讚賞的想法時，實在很難保持沉默啊！

還有另一個主題也是利用這個想法，設計出讓人擁有自身意志的體驗，那就是**解釋的餘地主題**。刻意在故事裡留下沒有解決的部分，讓玩家產生出「自己是怎麼想的？」的意志。如果玩家們所提出的解釋差異性越大，該作品應該就會獲得「深奧」、「讓人深思」之類的高度評價吧！

包含解釋餘地的故事會披上一層「自己是這樣想的」的外衣，只要有人講述，便隨之改變外型，然後一同橫渡人類的漫長歷史。其中**有一種故事，和人類一起度過了最長久的時光**，那就是……

神話。

神話學的巨匠約瑟夫•坎伯對世界各國的神話進行了分析，並從各種神話當中整理出一套共通的原型，名為**「英雄旅程」**。其構造如同左頁所示，是一個圓環結構。

冒險的召喚、下定決心踏上旅程、跨越門檻，與同伴相遇。面對最大的考驗、轉變並成長，完成考驗。到這裡為止，都讓人覺得原來如此，的確是不負英雄旅程之名的流程……但問題出在最後的**「返家」**。就一個英雄來說，這行動實在太偏向庶民、太悠哉了點，讓人感覺最後實在不太像樣。

但，其實《最後生還者》和《風之旅人》兩款遊戲，最後其實都描述了一樣的結局。**這兩款遊戲的共通故事結局，就是回到遊戲的起始地點。**

英雄之旅　(The Hero's Journey)

《最後生還者》裡，拯救艾莉的同時就表示失去了拯救全人類的方法。於是這段艱困嚴苛的結果，就是主角喬爾和艾莉再次**回到兩人一起踏上旅程之前的狀況**。最後，兩人為了艾莉麻醉昏迷時發生什麼事情而口角。想必這才是真正的悲傷吧，是我們的結局（The Last of Us）。

《風之旅人》的結局也一樣。進入山頂光芒之中的主角化為光球，**翩翩飛回了起始地點**。這一幕讓所有看到的玩家心想「遊戲開頭看到的那個神秘光球，是自己轉生之後的樣子嗎？接下來是不是又要自己踏上旅程了呢？」，是個充滿餘韻的落幕。

我想差不多該提出本書最後一個問題了。

《最後生還者》和《風之旅人》的結束方式都是回到起點，理由是什麼？**為什麼故事一定要在起始地點結束不可？**我希望各位能回答這個問題……這一題很難。

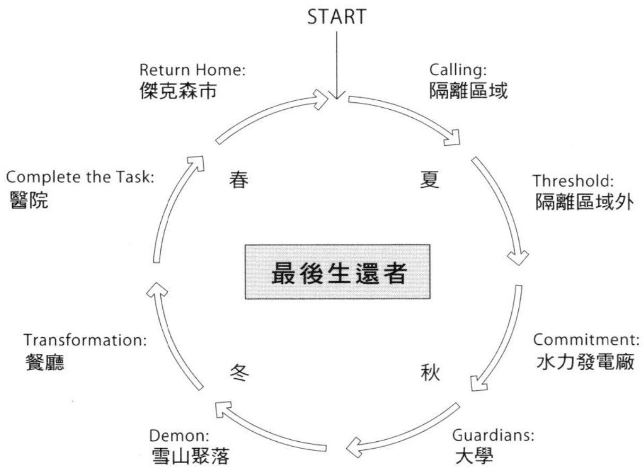

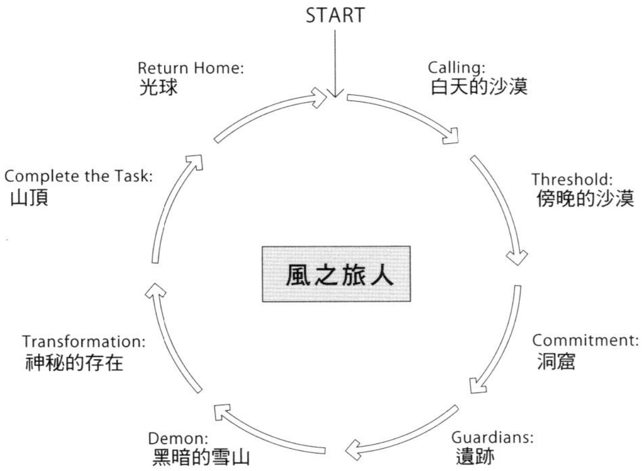

根據「英雄旅程」進行兩款遊戲的分析

這已經是本書第三次提出問題，為了解開這些關於體驗設計的困難問題，**最好的方法當然是思考玩家的心情**。

從開機到遊戲結局，玩家花了很長一段時間逐步通過故事設計，遭受戲弄、獲得成長、培養出自己的意志、試著說出自己描繪的故事……遊戲就是這樣的體驗。尤其是關於成長體驗，玩家拚了命才總算通過收集和反覆、選擇和裁量、回心轉意和共感等強大體驗，簡單來說就是**一段非常辛苦的旅程**。《最後生還者》需要數十小時，《風之旅人》也要好幾個小時，如此漫長的旅程終於要邁向結局。

但最後卻是回到起始地點，然後就沒了。如果你覺得花了這麼多時間完全沒有意義，根本**只是白忙一場**，我也覺得那是沒辦法的事。

可是，真的是這樣嗎？以旅行為例，你花了時間、金錢愉快地外出旅行，最後則是回到起始地點，也就是自己的家。因為最後回了家，所以旅行毫無意義，只是白忙一場……真的有人會這樣想嗎？

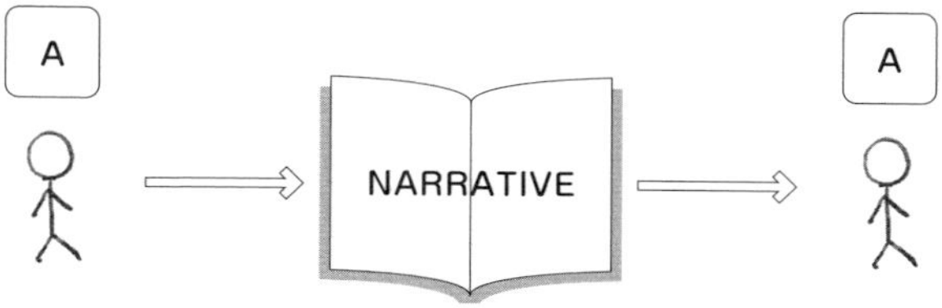

艱苦旅程的結局，就只是回到起始地點。
這樣的旅程到底有什麼意義？

旅行的本質在於旅行體驗本身。雖然只要一回到家，旅行便宣告結束，回歸日常，但是透過旅行這個體驗，你獲得了成長，和出發之前的你已經是不一樣的人了。這就是旅行的意義。

遊戲也一樣，遊戲的本質就是遊戲體驗本身，所以**玩家透過體驗產生變化，就是意義之所在**。

但這樣還是有問題沒能解決。

遊戲就是透過體驗讓玩家獲得成長……到這裡應該都沒有問題，接著才是問題。即使玩家真的獲得了成長，但**玩家自己如果沒有發現自己的成長，就沒有意義可言了**。

同樣的道理，也能套用在正在閱讀本書的你身上。今天的你應該比昨天的你成長了一點，但是**你有實際感受到那份成長嗎？**我們往往無法看出自己的成長，而解決這個問題的方法正是……

故事結束、回歸日常之後，故事的意義也依然留存

在故事最後讓玩家回到初始地點的設計手法。

英雄旅程的最後一步「返家」也是同樣的道理。為了讓走完所有故事並獲得成長的人發現自己的成長，才會故意重回「家」這個起始地點，讓人想起自己在走完故事之前的樣子，並進一步比較**走完故事之前和之後的自己相差多少**。

故事的使命就是讓聽故事的人獲得成長，所以英雄旅程才會出現「返家」的結構。人類歷史上普遍出現過這種故事結構，我認為這就是人類在文字尚未發明之前就不斷地祈求自己能獲得成長的最好證明。

記憶超越時空重新連結在一起，讓人察覺自己的成長。這就是在整個故事當中完美推動這項體驗設計發生的**「回到起始地」主題**。

話說回來，不知道你還記不記得前面有個部分，我們跳過了解說？

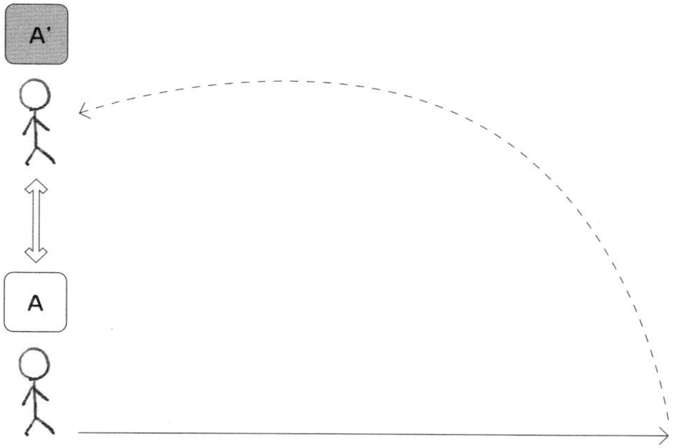

置於同樣的環境裡，讓人察覺自己的成長

把過去的自己和現在的自己進行比較，藉此實際感受成長。

《最後生還者》的遊戲開頭，有個哀求玩家殺掉自己的男人登場。這個男人傳達了「被真菌感染就會變成殭屍」的規則，但除了這個實務功能之外，其實還有另一個隱藏意涵。

遊戲剛開始沒多久，這男人就讓玩家為了「你要我殺人？」而心跳不止，但其中隱藏的意涵必須先破關一次，開始**玩第二輪的時候**才能察覺。第一輪還為此緊張、心跳加速的玩家，來到第二輪之後就能瞬間冷靜地做出「太麻煩了，開槍吧」、「為了節省子彈，不開槍」等判斷。

然後你才會發現「啊啊，跟第一輪比起來，我也成長了不少嘛……」。《最後生還者》就是透過**「即使身在逆境與混亂中，依然能堅強地冷靜面對並倖存下來」**的形式，讓玩家明確認知到自己所達成的成長。

另一方面，《風之旅人》則是以**「即使是偶然相遇也能溫柔地為對方著想，讓彼此都能活下去」**的形式，讓玩家獲得成長。第一輪開打的玩家，都會站在不同於第一輪的立場上溫柔地引導同行旅伴。這正是玩家自己獲得成長的證明，同時也**證明了遊戲的意義所在**。

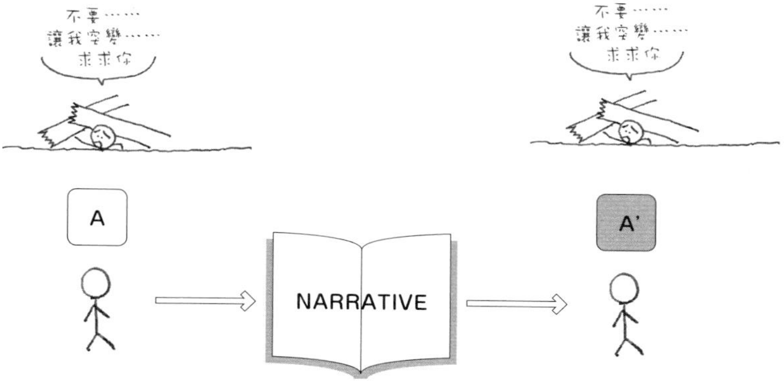

拜託玩家殺死自己的男子，變成了證明玩家成長的伏筆

遊戲到底有沒有意義？第三章以如此深刻的問題揭開了序幕，如今總算獲得答案。我們先來整理一下故事設計的完整樣貌吧！

1 戲弄　戲弄想要理解故事的玩家，讓他自己說故事。

2 成長　和故事裡的主角一樣，讓玩家獲得成長。

3 意志　讓玩家透過自己的意志開拓命運。

遊戲和旅行一樣，只有透過體驗本身所誕生的玩家自己的故事，才有意義。在我總結這本書的時候，我問了很多人同樣的問題：**你印象最深刻的遊戲內容是什麼？**每個人都一臉開心地分享他的回憶。正是因為我們擁有印象深刻的回憶，才有辦法說出自己的故事。

因為有記憶，人才會想要訴說。

最後，本書想稍微思考一下體驗和記憶之間的關係。

故事設計

原則	透過體驗讓玩家創造出屬於自己的故事

戲弄 → 成長 → 意志

戲弄	成長	意志
環境敘事 節奏與對比 伏筆	**收集與反覆** 提示空格 讓人察覺整體樣貌 加入節拍 讓問題懸而未決 **選擇與裁量** 設定風險和報酬 讓玩家自行調整難易度 給予回饋 在相互作用下行動 **回心轉意與共感** 讓主角陷入不幸 讓麻煩的旅伴登場 以主觀取代客觀 推翻原本對旅伴的評價	生命的交涉 未知的體驗 解釋的餘地 回到起始地

第3章　故事設計總整理

讓玩家擁有自己的意志就是故事設計的最終目的。

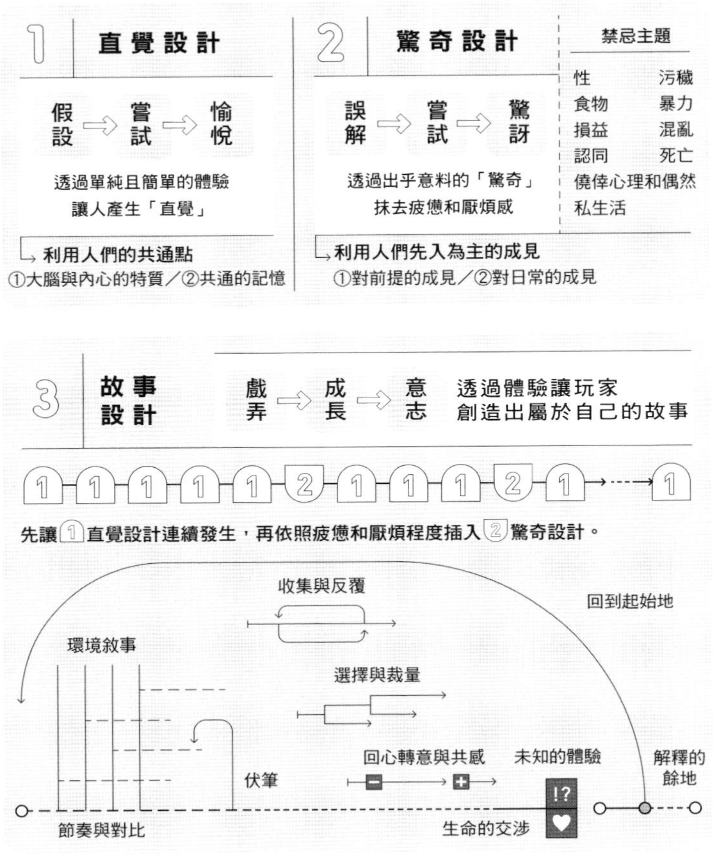
1 直覺設計
假設 → 嘗試 → 愉悅
透過單純且簡單的體驗
讓人產生「直覺」
利用人們的共通點
①大腦與內心的特質／②共通的記憶
2 驚奇設計
誤解 → 嘗試 → 驚訝
透過出乎意料的「驚奇」
抹去疲憊和厭煩感
利用人們先入為主的成見
①對前提的成見／②對日常的成見
禁忌主題
性
污穢
食物
暴力
損益
混亂
認同
死亡
僥倖心理和偶然
私生活
3 故事設計
戲弄 → 成長 → 意志
透過體驗讓玩家
創造出屬於自己的故事
先讓①直覺設計連續發生，再依照疲憊和厭煩程度插入②驚奇設計。
收集與反覆
回到起始地
環境敘事
選擇與裁量
伏筆
回心轉意與共感
未知的體驗
解釋的餘地
節奏與對比
生命的交涉

最　終　章

促使我們起身而行的「體驗→感情→記憶」

體驗與記憶。在我們即將開始思考兩者關係之前，先來重新回顧一下本書所舉出的三個設計體驗。

直覺設計　假設→嘗試→愉悅
驚奇設計　誤解→嘗試→驚訝
故事設計　戲弄→成長→意志

現在這樣回頭看，就能發現遊戲透過無數的體驗設計，帶動了玩家的感情：喜悅、憤怒、哀傷，期待。**一個一個地帶出無數的感情，逐步連結每一個時刻的脈絡，打動玩家的內心。**這就是體驗設計的真面目。

持續穿梭各種心動體驗之後，玩家玩過的遊戲應該會以回憶的形式繼續留在記憶當中。**體驗、記憶，還有感情……**只要重新整理**三者之間的關係性**，這個推測就能獲得證實。

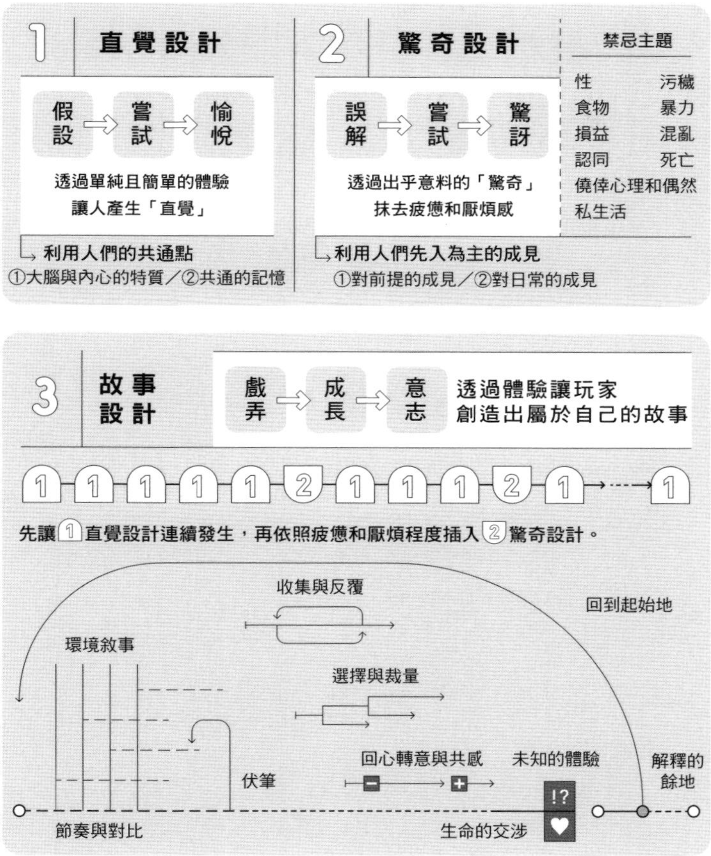

三種體驗設計的總整理

三種體驗設計都試圖帶動玩家的感情。

記憶可以大致分為三種類型，分別是長期記憶、短期記憶和感覺記憶。長期記憶正如字面所示，是可以長時間一直記住的記憶，本書所說的記憶就是指長期記憶。

長期記憶還可以細分成更小的分類，首先是可以透過自我意識回想起來的陳述性記憶，以及無法有意識地回想的程序性記憶。可能有人會認為，想不起來的記憶真的可以稱為記憶嗎？其實這就像是腳踏車的騎法，「只要騎上去就會知道，但很難用語言說明一切」，無法用語言陳述，只知道程序的記憶。

另一方面，陳述性記憶則是可以化為語言的記憶，主要可以再分成兩種。第一種是**語意記憶**，可直接記住意義本身，是最適合長期保存的高效率記憶。另一種是**情景記憶**，所謂情景指的是包含５Ｗ１Ｈ的「發生了什麼事」的相關情報，用**「體驗記憶」**來稱呼它應該也沒問題。

下一頁，我準備了如何分辨**語意記憶和體驗記憶**的練習題。請思考看看這些到底是語意記憶還是情景記憶？

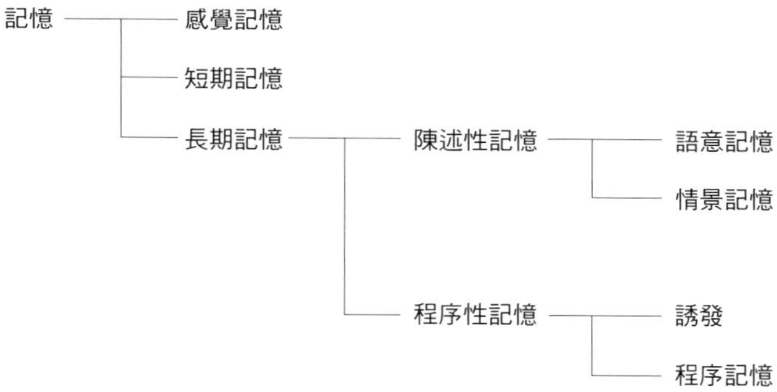

記憶的分類

・一四九二年，哥倫布發現新大陸。
・在社會課上學到哥倫布是在一四九二年發現新大陸。

這題太簡單了嗎？正確答案是前者為語意記憶，後者為情景記憶。當記憶在我們腦中刻下痕跡時，並不是突然就形成了語意記憶，而需要透過下列兩個步驟。

・首先透過「在課堂上學到」的體驗**形成情景記憶**。
・然後**從情景記憶當中形成語意記憶**，只記住年代和事件。

體驗會先以情景記憶的形態暫時儲存在大腦當中，隨後會轉換成語意記憶長期保存，而強烈的情景記憶也有可能直接這樣保存下來。

這裡的重點是什麼樣的情景記憶可以獲得長期保存？也就是選擇基準。**什麼樣的情景記憶會在心中留下深刻的痕跡？**那就是……

名字裡有「向」的
教室牆壁上有很多小洞
游泳池下次開放的時間
想睡到不行
制服的領子卡到脖子
這老師的板書字很大
是戴眼鏡的老師
好像在社會課上學過……

情景記憶

選擇基準在於感情是否出現強烈的動搖，這結論理所當然到讓人覺得這樣鄭重發表實在很蠢。當某種體驗讓感情產生波動，就會留在記憶裡……**「體驗↓感情↓記憶」這一連串流程，總是不斷刺激、驅動著我們的人生。**我們也可以反過來這樣說，**現在存在於你記憶當中的事物，肯定是曾經強烈撼動你的感情的體驗。**

能讓人們牢記在心的遊戲名場景，其中一定隱藏著打動人心的體驗設計。更進一步來說，你牢記在心的遊戲場景裡，一定隱藏著可以打動你內心的體驗設計。

如果體驗是現在式，那麼記憶就是過去式……**體驗其實就是記憶的現在式**。只要回溯你的記憶，你的體驗設計便隨之開始。只要有記憶就行了，只要把能夠確實觸動你這個人的感情的體驗，也就是以記憶作為基礎，設計出能夠打動無數人內心的體驗就好。不過，如果你對自己當起點的體驗設計沒有信心的話……

Experience = 5W1H + Emotion + Now

Memory = 5W1H + Emotion + Then

體驗與記憶

有許多研究都把人類的體驗和記憶視為研究領域，所以不妨試著從這些學術性見解當中開始進行體驗設計。

但這個做法也有些問題。單獨研究如何打造打動內心的體驗的學問，應該是不存在的。

關於體驗設計的見解，分散在數不清的研究領域當中，而且在情報技術持續進步的情況下，這些個別領域開始互相產生聯繫，迅速產生出全新的見解。就是這個原因，**體驗設計才會聚集了各種職業和擁有特殊專長的人們同心協力，進而成為更加值得研究的高水準跨界整合研究領域**。

「如何打造打動內心的體驗？」這是足以左右我們的生活方式的根本性問題。然而遺憾的是，現今這個社會似乎並沒有被設計成能讓人思考這個問題。社會構造、企業組織、學校教育、每天的日常生活……如果能把體驗設計的思維活用在各式各樣的場合上，人類、社會，還有**你的人生，到底會變成什麼樣子呢？**我忍不住就開始想像起來了呢！

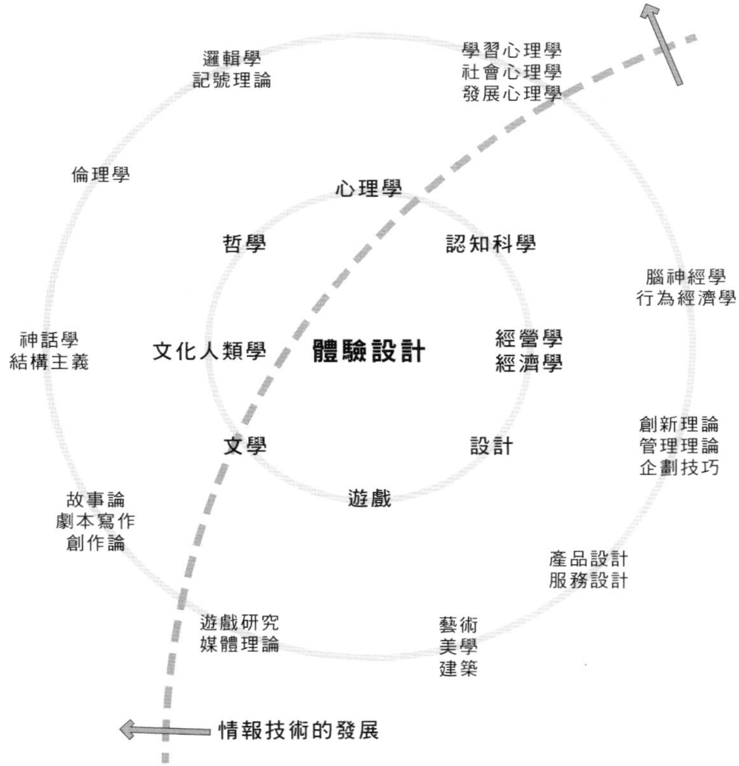

圍繞著體驗設計的研究領域群組
（此為作者的實驗性圖表，實際上應該還有無數缺漏）

體驗設計需要無數的學術領域從旁協助。

「使用者體驗製作法」的使用方式（實踐篇）

卷末

到底要如何打造可以打動使用者內心的體驗？本書討論過的體驗設計手法將會全部濃縮在這一頁當中，讓我們一起來複習吧。

1 **直覺設計　假設→嘗試→愉悅**

2 **驚奇設計　誤解→嘗試→驚訝**

3 **故事設計　戲弄→成長→意志**

直覺設計是體驗設計當中最基本的體驗。是為了設計出「把別人分配給自己的體驗轉變成自發性體驗，讓使用者採取直覺性的行動並學習，最後『忍不住就想做』的體驗」的一種手法。利用人們大腦與內心共通的性質與記憶，設計出單純且簡單的體驗，藉此讓所有使用者建立自己的假設然後進一步嘗試，最後讓使用者自己發現自己的假設正確，因而感到愉悅。

但直覺設計也有問題存在。若是持續不斷地出現，使用者會因此感到疲憊厭煩，於是停止體驗本身。為了設計出「讓人忍不住就沉迷」的體驗，此刻最需要的就是驚奇設計。利用使用者對前提的成見「應該會變成這樣」以及對日常生活的成見「平穩的日常生活應該會永遠持續」，顛覆他們的預想，讓他們感到驚訝。

將這兩種體驗設計結合在一起，就能完成具有直覺性而且不會感到厭煩的長時間體驗。可是這項體驗當中若是沒有包含意義，就無法打動使用者的心。此時需要的手法就是故事設計，利用故事戲弄想要理解狀況的使用者，讓對方獲得成長並引導他擁有自己的意志，最後透過這樣的故事，讓體驗具備意義。

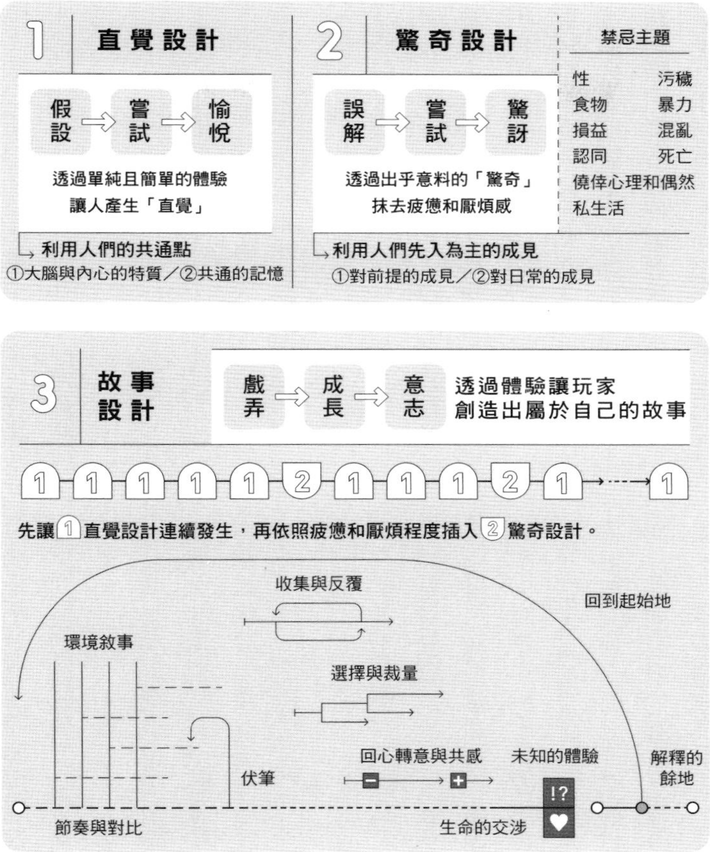
1 直覺設計
假設 → 嘗試 → 愉悅
透過單純且簡單的體驗
讓人產生「直覺」
利用人們的共通點
①大腦與內心的特質／②共通的記憶
2 驚奇設計
誤解 → 嘗試 → 驚訝
透過出乎意料的「驚奇」
抹去疲憊和厭煩感
利用人們先入為主的成見
①對前提的成見／②對日常的成見
禁忌主題
性
污穢
食物
暴力
損益
混亂
認同
死亡
僥倖心理和偶然
私生活
3 故事設計
戲弄 → 成長 → 意志
透過體驗讓玩家
創造出屬於自己的故事
1 1 1 1 1 2 1 1 1 2 1 1
先讓1直覺設計連續發生，再依照疲憊和厭煩程度插入2驚奇設計。
收集與反覆
回到起始地
環境敘事
選擇與裁量
回心轉意與共感
未知的體驗
解釋的
餘地
伏筆
!?
節奏與對比
生命的交涉

三種體驗設計的總整理

好，接下來就是應用篇，該如何把本書討論過的三個體驗設計應用在工作或生活上呢？我們來仔細思考下列這五個具體主題。

應用一　思考／企劃

應用二　對話／促進引導

應用三　表達／發表

應用四　設計／產品設計

應用五　培育／管理

然而這裡有個需要注意的地方：如果拿企劃來舉例，我們討論的內容將不會是「如何提出更好的企劃」，而是透過重新設計「做企劃」這個體驗，打造出讓人「忍不住一直思考企劃內容，沉迷於思考，在思考當中感受到意義，忍不住想要告訴別人」的體驗，這才是我們的目的。最後應該還是可以大幅提高做出好企劃的可能性，但終究不是直接討論提出好企劃的手法，這一點請務必注意。

這一點其實就跟體驗設計一樣。所謂體驗，就是和時間一同流逝的過程本身，而體驗設計是設計這個過程，並不是直接做出「有趣」這個結果。

任何一個遊戲設計者，都抱著「想要做出有趣的遊戲」的祈願。但「有趣」只是結果，並不是過程。正因為如此，設計者才必須思考「需要歷經什麼樣的過程才能讓結果獲得有趣的評價」。

舉個例子，這裡有個再普通不過，看起來非常無趣的小石頭。請你想辦法讓這個石頭變有趣。

區區一個普通石頭，不管再怎麼掙扎都不會有趣，到底該怎麼做才能讓它有趣起來……如果只是思考石頭本身，感覺應該應付不了這個問題。既然如此，你覺得下列這幾個答案如何？

答案例一：放在一條長而筆直的道路正中央，雖然只是個普通石頭，但凡是經過的人應該都會想要踢它一腳。

答案例二：讓它掉在正在看恐怖電影的人的旁邊，對方一定會被嚇到，而他誇張的驚嚇方式很有可能帶來新的笑點。

答案例三：偷偷放進被囚禁的人的口袋裡。為什麼口袋裡面有石頭？可以利用這個石頭逃出去嗎？相信他一定會對著這個普通石頭認真思考。

看出來了嗎？重要的並不是石頭本身，而是石頭和使用者互相接觸的脈絡。使用者是在何種脈絡之下和石頭接觸？這一點才是產生出體驗的價值的地方。

這其實應該稱之為「情感脈絡」。我想在各位確實認知這一點之後，開始說明關於體驗設計的應用。

仔細觀察無趣的體驗和發展不順的體驗，找出讓體驗價值下降的情感脈絡之後，再開始設計體驗。希望你能一邊想像這個流程，一邊閱讀之後的應用篇。

思考／企劃

人總是會遇上不管再怎麼想都想不出好點子的時候。

如果是做企劃的天才，不論想不出企劃的痛苦時間多麼漫長，應該都可以一直繼續想下去。但是普遍來說，我們會因為耐不住思考的痛苦，最後忍不住逃離思考這件事。

像這樣不斷逃避的我們，其實是個沒用的人嗎？不，當然不是這樣。這都是因為「思考企劃的方法」不好，每當我們想不出好點子就會忍不住採用的做法——「持續不斷地思考下去」本身，才是錯誤的真正起源。

這時就是體驗設計派上用場的時候了。我想試著重新設計「思考企劃」這項體驗，把整個過程打造成愉快又豐富的體驗。

首先要做的，就是深入那些採用了「持續不斷地思考」的方法因而感到十分痛苦的人的心中，仔細加以觀察。相信一定可以觀察到這種慘狀：

「想不到好點子，實在很不安……」

「連自己能不能想出好點子都無法預測出來，實在很不安……」

「連自己能不能想出派得上用場的點子都不知道，實在很不安……」

滿滿的不安，真是讓人嘆為觀止呢。

這種癡癡等待靈感自動降臨的做法實在太過無謀，只會持續帶來不安，結果就是讓自己感到疲憊、厭煩，忍不住想要逃離思考這件事。其實這樣也是很正常的。

這種情況下，希望你能想起本書舉出的三種體驗設計。至於這三種體驗設計當中哪一個比較好……你覺得哪一個體驗設計應該拿來第一個加以應用呢？

我想推薦各位參考下列指標。

1 如果問題在於不好理解，
請活用直覺設計。

2 如果問題在於疲憊與厭煩，
請活用驚奇設計。

3 如果問題在於缺乏成就感，
請活用故事設計。

「思考／企劃」這個體驗的最大問題點在於使用錯誤的方法產生了不安，最後造成疲倦和厭煩。所以我們可以推斷出，第一個加以應用的應該是「驚奇設計」。

第二章「驚奇設計」有提到利用人們共通的成見來製造驚奇。例如顛覆原本的前提，或是把日常轉換成非日常都能帶來驚奇，不過這裡最好用的則是「禁忌主題」。

所以我從十個禁忌主題當中選用「私

生活主題」，提議下列這個方法。

思考你對其他人保密的事／不能在人前說出來的事

想要吸引客人的心，想要上司理解內容……思考這類企劃時，你總是隨時「想著你自己以外的其他人」。換句話說，你越是試著思考企劃，就會越來越不去思考關於自己的事。在這種狀態下，腦中出現私生活主題的次數就會變少，驚奇也隨之消失，所以最後才導致自己疲憊厭煩，不願再想「思考企劃」這件事。

正因為如此，我希望你在不得不思考企劃的時候，試著停止思考關於其他人的事。

相對地，則是請你想想關於你個人的私生活。當私生活暴露得越多，應該就會讓你自己感到越發驚奇，進而感到興奮。

想像一下「這大概沒辦法在人前說出來」的私密內容，如果你的呼吸有變得粗重起來，就表示你成功了。至少你應該可以繼續永無止境地持續思考下去。

持續思考的時候也別急著做出不完整的結論，最好的做法就是在過程中一點一滴地收集能讓自己興奮的事、能感同身受的事，還有可以確定的事。至於思考這件事情有沒有派上用場，就請無視它吧。因為此時此刻最重要的是讓自己感到驚奇，藉此遠離疲憊和厭煩，讓自己能夠繼續思考。

好啦，如果你順利讓自己繼續思考企劃，那麼肯定累積了許多思緒的碎片吧。若是用筆記本或便條紙把它們記錄下來，肯定能擺出一長串最具有你個人風格的思緒碎片。

當這些思緒碎片出現在眼前時，我相信你一定會直覺地發現一件事，那就是你的興趣和關心其實都有某些傾向。

從思緒碎片的共通點當中找出你最重要的事物

你平常花費大筆心力持續隱瞞的私生活事物當中，有著共通點。例如……你的理想、你價值觀的根源對你很重要但是已經放棄的事、可以付出生命守護的事，又或者是善惡的基準。請試著在這些思緒碎片的深處，找出你人生當中最重要的主題吧。其實這才是我真正想要設計在「思考企劃」體驗裡的東西，也就是直覺地察覺「原來對我來說最重要的事情是這個」的體驗。

思緒碎片其實就是直覺的根源，可能是新發現，可能是回憶，也可能是確信。只要能夠持續經歷這些體驗，「思考企劃」這個體驗就會變得像遊戲一樣，有趣到讓人停不下來。

發展到這裡，「思考／企劃」這個體驗已經成為「和你自己的人生有關的事、是屬於你的事」，是你腦中的潛意識做出「這是很重要的事，思考企劃能讓我變得更幸福」這個判斷的證據。

反過來講，如果出現了某種危機，讓你可能會失去那個你認為是「屬於自己」的重要事物，相信你的潛意識一定會更加猛烈地興奮起來。

而這就是最後的手法。

試著描寫你陷入危機失去重要事物的故事

為了用更強大的力道推動「思考企劃」這個體驗，你要試著描寫自己失去重要事物的故事，然後創造出「自己想出可以取回那個重要事物的企劃」的脈絡。

只要想出新點子，就能從危機當中拯救自己的人生……試著創造出這樣的脈絡，讓思考企劃這件事情變成和你自己的幸福同等的事物。既然具備了如此深厚的意義，相信你的大腦就能持續認真地思考企劃，而你心目中的完美企劃也有可能近在眼前。

如何？透過重新設計「思考企劃」這項體驗本身，讓你自己動了起來。這樣是否有讓你感受到這項體驗設計的手法呢？

如果可以的話，務必請你自己親身實驗看看。你最害怕失去的重要事物，會是什麼呢？

問題	靈感什麼時候會出現？實在很不安……

1. 思考你對其他人保密的事／不能在人前說出來的事
2. 從思緒碎片的共通點當中找出你最重要的事物
3. 試著描寫你陷入危機，失去重要事物的故事

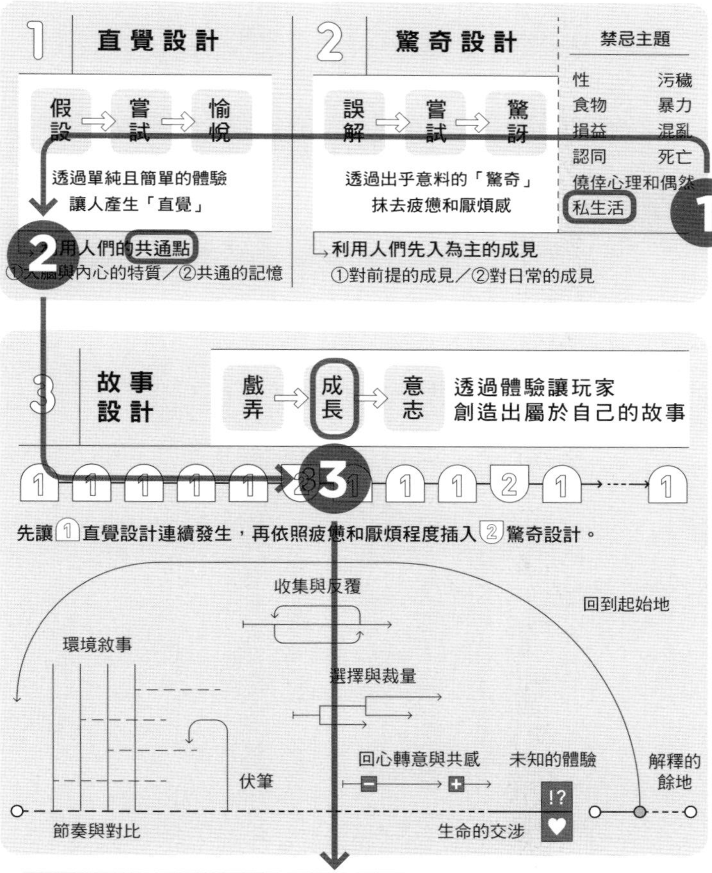

思考企劃 = 思考關於自己的事

應用 2

對話／促進引導

獨自一人思考企劃之後，接下來要面對的就是在團隊當中討論，所以下一個主題就是「對話／促進引導」。

這時必須一邊對話一邊琢磨企劃內容，還要把整個團隊的意思統一起來……相信各位一定有過經驗，知道這是多麼困難的一件事吧！

一般來說，這種情況需要可以引導討論方向的促進能力。所謂促進能力，指的是在一旁支援，讓團隊成員可以更容易參與議論，或是透過發問引出各種意見、活絡氣氛、整理議論內容……最後引導團隊互相理解或達成協議的能力。

話雖如此，但這種能力到底該怎麼學？更進一步來說，沒有促進能力的人是不是就不該參與議論？

說實話，我並不這麼認為。我希望各位能暫時先放下「磨練促進能力」的想法，然後重新設計「對話／促進引導」這個體驗，藉此讓議論變得更加充實。

首先要有一個契機，請各位先想像一下這個狀況：會議室裡擠了好幾個團隊成員，而思考企劃的會議卡進了死胡同。會議室裡沒有人開口，大家都在抱頭煩惱，氣氛十分沉重。這種狀況真的會讓人想要逃得越快越好，對吧？不安、疲憊、厭煩，由此可以知道，首先加以應用的應該是「驚奇設計」。

但是話說回來，為什麼大家都不說話呢？通常難以開口的理由絕大多數都是因為想不出好點子，而隱藏在其根基的成見「必須說出有益的話」才是真正的問題核心。

成見……這正是驚奇設計所必須的條件，是產生能量的起源，沒有理由不用。所以我想試著採用這樣的手法。

不是討論「好企劃」而是討論「不好的企劃」

若是在沉悶的氣氛下持續討論企劃，內容會自然而然地朝著「性能好」、「便宜」、「好賣」等保守而且缺乏創造性的方向發展。但是這種理所當然的東西，根本不需要聚集團隊成員一起討論吧？所以我想把造成這種無趣討論的元兇，也就是所有人默許的「必須說出樂觀進取而且有建設性的話」這項規則破壞掉，讓「討論」重獲自由。

團隊一起進行討論時，唯一需要的就是斬斷制約團隊的鎖鍊，創造出成員們可以自在發言的氣氛。由自己提出好意見，藉此讓自己高人一等的引導能力根本只是二流水準。

好啦，如果討論能在輕鬆自在的氣氛下順利進行，相信整個團隊就能漸漸察覺「原來我們是這樣的團隊」，進而發現團隊本身的特徵，最後注意到自己在團隊當中的個性。

這個流程跟「應用—思考／企劃」一樣。正因為可以持續討論，所以才能收集到促使直覺體驗誕生的素材，是進行直覺設計的好機會。

把團隊的自我認知當成「自己的事」講述

簡單來說就是讓團隊成員共享「屬於這個團隊的風格」，比方說下列這些就是必要的發言。

「我們這個團隊裡面都是一些○○的成員呢！」

「感覺這張便條紙上的內容，就是這個團隊的象徵呢！」

「如果要幫我們團隊取名，我覺得○○這個詞絕對不能漏掉。」

設定出具有團隊風格的基準線，藉此增加「這完全就是我們啊！」、「我懂！」、「沒錯沒錯！」之類能夠產生共鳴的發言，這就是這個設計的目的。

如果一直擔心「不知道要說什麼才能讓別人也有同感，到底該說什麼才好？」，處在戰戰兢兢的狀態下，討論應該不可能變得熱絡起來。反過來說，如果能讓人做出「這類型的話題一定能讓其他人感到開心！」的假設，讓他發言，最後讓他因為自己沒猜錯而感到欣喜，整個討論自然就會變得熱絡。簡單來說就是在現場進行「假設→嘗試→愉悅」的直覺設計。

要是這樣做，難道不會變成只有自己人才聽得懂的封閉型討論嗎？可能有人會擔心這一點，而這個擔心其實也沒有錯，但我可以提出這樣的反駁：如果連自己人才懂的話題都說不出口，那麼要如何在這種狀態下活絡討論氣氛，引出真正具有創造性的發言？

不論是拋開「必須說好話才行」的成見，或是讓人意識到「屬於我們團隊的風格」，其實都不是可以直接催生出有益發言的高效性手法。可是，就是因為捨去這份效率，才能成功讓團隊相處更融洽更熱絡，最後繞一個圈子，在終點處成功召來充滿創造性的發言。

話說回來，如果重新審視目前的狀況，就會發現團隊還停留在不斷挖掘成員之間的共通點，也就是還沒有深入討論真正應該討論的重要內容。不論白板、便條紙或筆記本，上面寫的東西都和主題沒什麼關聯性……讓人覺得要是繼續這樣下去可能會不太妙。

不過，你的擔心是多餘的。

會議現場上，討論的都是乍聽之下和真正的主題沒啥關聯性的事情。但要是能在事後發現，裡面其實已經包含了對討論主題來說非常重要的提示呢？

「原來是這樣啊，其實我們在討論過

程中就已經找到答案了！」

你應該就會像這樣，忍不住想告訴別人你的發現吧！這就是應用了故事設計的第一步「戲弄」當中的「伏筆」手法，才能成功設計出這樣的方法。

回顧過去的發言，提出「其實包含更深的意義？」的質疑

從成員們所說的意見，而且是當時聽過就算了的主張當中找出意義，讓它成為伏筆。這就是讓故事得以實現的一種促進能力。

更進一步來說，這個方法其實還有另一個真正重要的意義。從成員過去的意見當中找出重要性，可以讓該成員就此成為英雄。不需要我多說，促進能力唯一的重點就是讓團隊同伴成為英雄，而不是讓自己成為英雄。

由所有成員一起自由討論，在團隊的自我定位下集結，互相讓對方成為英雄，逐步突破難關。

照理來說，「討論／引導促進」這個體驗裡原本就包含了上述的強大意義。如果想讓這個意義具體成形，體驗設計就是最有效的方法。

問題	沉重的氣氛……沒有人開口發言……

1. 不是討論「好企劃」，而是討論「不好的企劃」
2. 把團隊的自我認知當成「自己的事」講述
3. 回顧過去的發言，提出「其實包含更深的意義？」的質疑

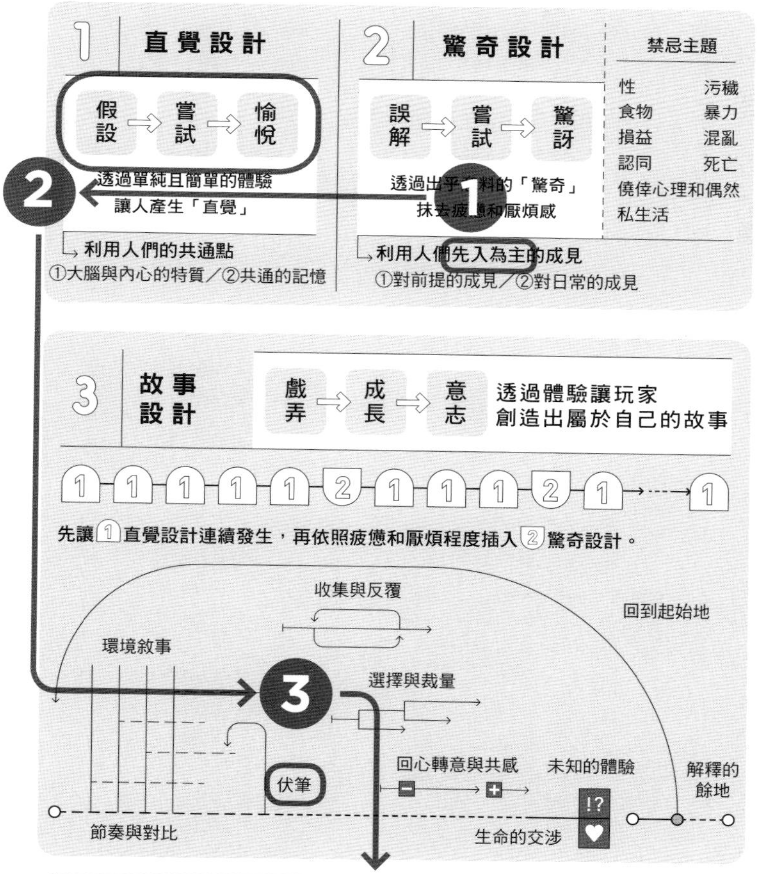

互相讓對方成為英雄，充滿創造性的討論

應用 3

表達／發表

當團隊將企劃統籌完畢後，接下來終於要對部屬和公司全體進行發表了。

直接從結論來看，發表其實是最適合應用體驗設計的對象。因為當下所有聽眾都必須以全身來接收發表者所提供的體驗，這也正是體驗設計大展身手的時刻。

然而讓人難過的是，這個世界上無聊的發表可說是層出不窮。若是聽眾在聆聽過程中失去興趣，哪怕只有一次，他也絕對無法把整場發表完整聽到最後了。

相對地，身為發表者，如果在發表途中看到台下聽眾心不在焉或是睡著……肯定大受打擊。

此處的重點在於如何讓聽眾在整場發表會當中維持集中力。那我們反過來想想，發表途中最容易失去集中力的時間點，是在什麼時候？

不論發表內容多麼扎實，無聊的發表就是無聊的發表，也就是說問題並不在於內容。若是換成本書第三章的故事理論，我們可以說最重要的並不是故事內容（要說什麼），而是故事論述（該怎麼說）。

這時我希望你能回想一下直覺設計。

如果能成功讓玩家建立起「大概是往右走？」的假設，那麼在獲得驗證之前，該假設就可以持續吸引玩家的注意。

換言之，發表途中最容易失去集中力的時間點就是「無法預測內容走向的時候」。那我再提出下一個問題：發表過程中變得無法預測內容走向的時間點，到底是什麼時候？以下就是從這個問題裡誕生的解決方法。

先透過接續用詞等方式預告下一張投影片的內容之後再繼續

把內容走向徹底切斷的切換投影片空檔，正是讓聽眾失去集中力的最大難關。該怎麼做才能接上投影片與投影片之間的脈絡？說得更具體一點，該怎麼做才能「預告下一張投影片」？這是我們必須思考的問題。

預告下一張投影片的方法有下列幾種。

順帶一提（可能已經有人注意到）這些手法正是本書一到三章實際使用過的手法。我想應該有人覺得「這本書的寫作方式真是奇怪」吧？真是不好意思。

- 丟出疑問。
- 話故意只說一半，引人深思。
- 結束話題，宣告即將進入總結。

然後還有另一個最輕鬆簡單的預告方式，那就是接續用詞。左頁已經整理出接續用詞一覽表，請搭配這張表繼續往下看。

接續用詞種類繁多，不過除了一個之外，其他全部都擁有預告下一張投影片內容的力量。例如……

你看，當大家眼中一出現「例如」這種接續用詞的瞬間，腦中肯定會下意識地預想「接下來應該會舉出具體例子吧？」。在翻下一頁投影片之前，先說出接續用詞來顯示這一頁和下一頁的脈絡，說完之後再切換。光是這個動作就能一口氣增加力道，把人徹底拉進發表當中。

唯獨有一點要注意的是，有個接續用詞無法讓聽眾自行想像未來的內容，那個接續用詞就是「下一個（順序）」，下一個是……

你看，「下一個」這個接續用詞確實無法讓自己想像接下來的內容，對吧？就算只是封印「下一個」，整場發表聽起來應該也會變得更好理解。

讓聽眾產生預想並試圖猜測，藉此維持他們的專注，這完全就是本書第一章所討論的「直覺設計」呢！

不過本書第二章也有討論過，持續不斷的反覆動作會產生疲憊與厭煩。

這時我們要祭出的手法就是……相信你應該已經知道了，就是驚奇設計。故意推翻聽眾的預想，這是最能有效吸引他們注意力的方法。

定期置入禁忌主題／故意不說話

每個發表者身上都背負著讓人完整聽完發表內容到最後的絕對責任。為此，吸引聽眾注意這件事也是工作之一。請懷抱著專業意識，試著插入禁忌主題吧！就當作是為了幫忙這些拚命想仔細聽完發表的聽眾，請有意地將下列主題插入發表的各個段落當中。

性／食物／損益／認同
污穢／暴力／混亂／死亡
僥倖心理和偶然／私生活

其中最有效的做法就是故意不說話。這可以顛覆發表的大前提「發表者必須說話」，一口氣吸引所有人的目光。

不過話又說回來，就算有人突然要你「加入禁忌主題！」、「不准講話！」，相信還是有些人會提不起勁吧！對於這些

邏輯	順接	所以（歸納） 此時（對應） 如此一來（推移） 既然如此（假設）
	逆接	可是（齟齬） 儘管如此（對抗） 話雖如此（限制）
整理	並列	還有（添加） 再加上（累加） 且（共存）
	對比	相對的（對立） 另一方面（其他面向） 反過來看（相反） 或者是（選擇）
	列舉	第一（編號） 首先（順序） 下一個（順序）
理解	置換	也就是說（加工） 反倒是（代替）
	舉例	舉例來說（舉例） 老實說（例證） 尤其是（特例）
	補充	之所以（理由） 除此之外（附加）
展開	轉折	話說回來（改變） 那麼（正題） 真要說起來（回歸）
	結論	像這樣（總結） 如此這般（終結） 不管怎麼說（不變） 總之（無效）

接續用詞的分類
出自《日語接續詞大全》（二〇一六年，石黑圭）

人，我的建議是試試看一邊意識體驗設計的基本構造「預想命中／失準」，一邊觀看知名發表者的發表。相信這樣可以讓你更輕易看出發表者的意圖，同時覺得自己應該也能成功仿效才對。

如果能成功讓聽眾的預想命中、失準，努力引導他們到發表尾聲，那麼距離終點就不遠了。

不過，這裡還想多加一個體驗設計作為最後大絕招。那就是讓聽眾在經歷一整場名為發表的體驗之後，能夠實際感受到自己有所成長的體驗設計。

結束前再放一次發表開始時的投影片

發表剛開始的時候完全聽不懂的東西，在聽完發表之後就能夠理解。我想給予聽眾的就是這種獲得成長的實際感受。

一開始先提出主要的主張、疑問和整體結論，然後透過發表讓聽眾理解內容，最後再把一開始的畫面放出來即可。

能夠猜到接下來的內容走向，在不知疲憊與厭煩為何物的情況下聽到最後，實際感受到自己的成長。

如果這樣能讓各位稍微理解為什麼發表是最適合作為體驗設計的活用場合，那就太好了。

問題	聽眾會喪失集中力……

1. 透過接續用詞等方式預告下一張投影片的內容之後再繼續
2. 定期置入禁忌主題／故意不說話
3. 結束前再放一次發表開始時的投影片

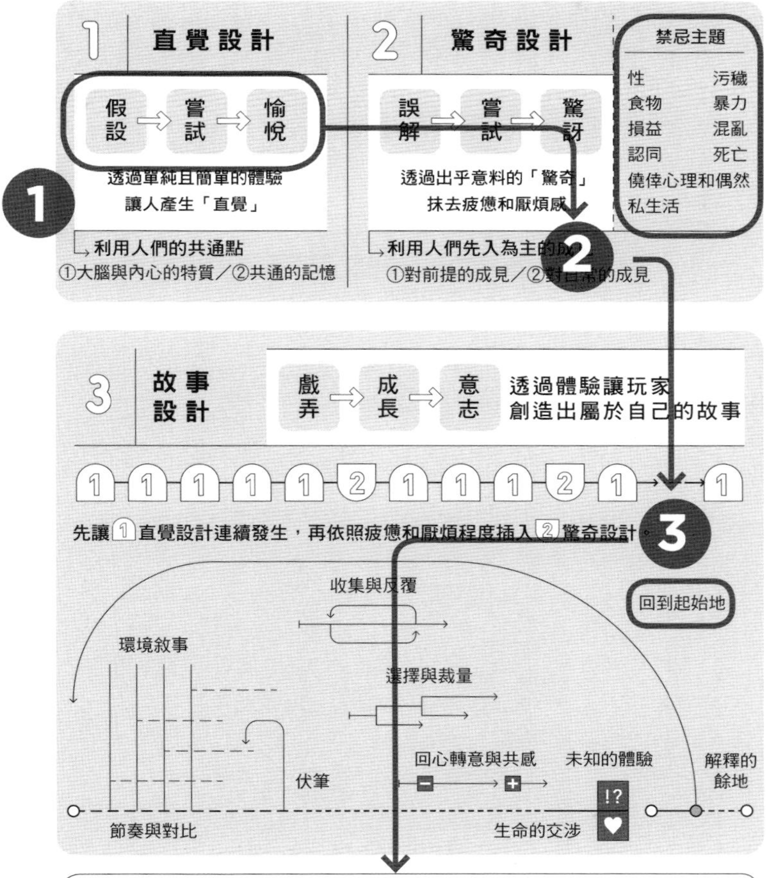

讓聽眾在聆聽過程中出現變化的發表

設計／產品設計

如果發表會順利成功……接下來就是重頭戲——產品設計。

畢竟真正的對象並不是了解狀況的公司內部人員，而是散布在全日本、全世界的無數使用者。在使用者各自迥異的情況下，為了成功做出每個人都願意使用的產品，我們同樣必須用上設計體驗。

話說回來，本書第一章曾針對《超級瑪利歐》開頭畫面的設計進行討論，討論它是如何透過極為巧妙的設計，把遊戲規則傳達給全日本、全世界的玩家……看完之後，如果有人浮現出下面這個疑問，那麼你真的相當敏銳。

「這個做法，應該只有第一次玩的時候才有效吧？」

《超級瑪利歐》開頭畫面的設計的確成功傳達出「向右前進」這件事，也可以說這是針對第一次使用該產品使用者所做出的設計。

另一方面，如果是早就知道必須往右走的第二輪玩家，這個設計在他們眼中就沒有任何效果了。

在此我想提出一個問題，第一次使用某產品的使用者和第二次、甚至多次使用過的使用者，哪一邊比較重要？我個人的結論如下。

以初次使用的用戶優先，盡量單純而簡單

我們的內心和大腦都具備心理學中稱之為初始效應的特性，學習能力會在一連串體驗的一開始提高到最大。也就是說，初次使用才是擁有最高的情報傳達效率的時候。因為「第一次」是效率最高的學習機會，而且人生僅只一次，所以身為體驗設計師自然不能放過這個大好機會。

說真的，如果使用者在第一次使用時無法順利操作，之後也不會再有第二次了。

再加上有些使用者確實會在第二次使用時忘記「初次使用時學到的東西」。

不論什麼時候，體驗設計者真正需要意識到的對象，永遠都是「不熟悉該產品，沒有任何特殊感情的普通用戶」。

開發者對產品其實都有一份特殊的執著。當這份執著越熱切，就越容易針對熟悉而且深愛該產品的使用者做出設計，最後的結果就是不小心把普通用戶拋在腦後。這麼一來就會有很多人無法使用該產品。

該如何保持產品的單純和簡單，讓初次使用的使用者也能直覺掌握使用方法？我希望這項指標能夠長駐在各位的腦海裡。

再舉一個開發者容易深陷其中的心理狀態好了。那就是開發者對產品投入過多的執著，忍不住希望「使用者能夠一直使用這項產品」的心理狀態。

而結果就是砸進大量複雜機能和過度演出，產品變得複雜又難懂，只能看到開發者的自我滿足，讓人一點都不想接觸也不想放在身邊。

對使用者來說，真正重要的並不是產品，而是使用者自己的人生。只有使用者的人生才是主角，產品必須只是襯托主角的配角才行。

話說回來，本書第二章討論了能夠從體驗當中去除疲憊與厭煩，進而實現長時間體驗的「驚奇設計」。這是為了讓人沉迷在體驗裡的基礎做法，就像他們沉迷在遊戲裡一樣。

可是在「不妨礙用戶人生」的脈絡之下，驚奇設計有時反而會造成問題。從原本就已經很忙碌的用戶身上奪取時間，造成用戶的人生品質下降，這可是不行的。

所以這裡我們需要的體驗設計是在理解驚奇設計的原理和效果之後，刻意停止這類體驗。

透過回歸日常的演出讓用戶遠離產品

現代日常生活如此忙碌，想讓人長時間使用產品這件事本身就不可能辦到，於是轉而追求短時間就能充分獲得滿足的體驗。正因為如此，像智慧型手機的APP、遊戲和服務的設計領域也開始出現「停止體驗」的設計需求。

話雖如此，這也不是真的想主張「因為技術發達，所以讓使用者遠離產品的體驗設計是必要的」，正好相反，不論技術如何發展，我們都一定能在任一時代當中找到顯著的「讓使用者停止體驗的設計」。

例如古早時期的動畫卡通片尾。為什麼很多片尾都是播放讓人放鬆的主題曲，搭配一群人物在夕陽餘暉當中，順著河堤走回家的平靜場景？

答案就是為了告訴觀眾「這個體驗已經結束了喔」！那些全神貫注在卡通上的孩子們，肯定希望「看卡通」這項體驗能夠持續下去。為了讓他們能心曠神怡地結束觀看，才會做出結束體驗的設計。

具體做法就是在試圖停下體驗的時間點前後絕不使用驚奇設計。因為使用驚奇設計會延長體驗時間……而我們想要的是相反的效果。

截至目前為止，我們一直都在討論「如何讓用戶停止體驗」。然而身為體驗設計者，可能還是會擔心使用者是否會再次回歸吧！

但這份不安其實只是設計者的自負作祟。不管怎麼說，產品都只是讓使用者的人生變得更豐富的配角，至於用或不用，全是使用者的自由。

不過設計者還是可以針對使用者的體驗偷偷送出訊息。只要能守住「用戶是自由的」這項條件，設計者也同樣擁有暗地裡進行策劃、操縱體驗的自由，為的是讓使用者心滿意足。

最後一個手法，就是用更直接的方式設計使用者的自由。

提供可以作弊的選項
給予用戶自由

這就類似《超級瑪利歐》裡面俗稱「跳關」的功能，可以跳過中間所有的關卡。說得極端一點，其實就是作弊。這裡所做的設計就是提供使用者選項，決定「是否作弊」的體驗。

每當使用者進行體驗時，這項體驗設計就會強制要求使用者決定「現在的自己會選擇哪一邊？」，而使用者每次做出決定時，都能感受到自己有所成長。

正因為使用者是自由的，所以越是使用，就越能讓他們感受到成長。這份自由正是讓使用者再次拿起產品的力量來源。

不論何時使用產品，使用者都能直覺地掌握使用方法，而且隨時都可以停下來，甚至還被允許作弊。所以我認為，所謂產品設計可能就是針對玩家的自由進行設計也說不定。

問題	各種用戶都會願意使用嗎？

1. 以初次使用的用戶優先，盡量單純而簡單
2. 透過回歸日常的演出，讓用戶遠離產品
3. 提供可以作弊的選項，給予用戶自由

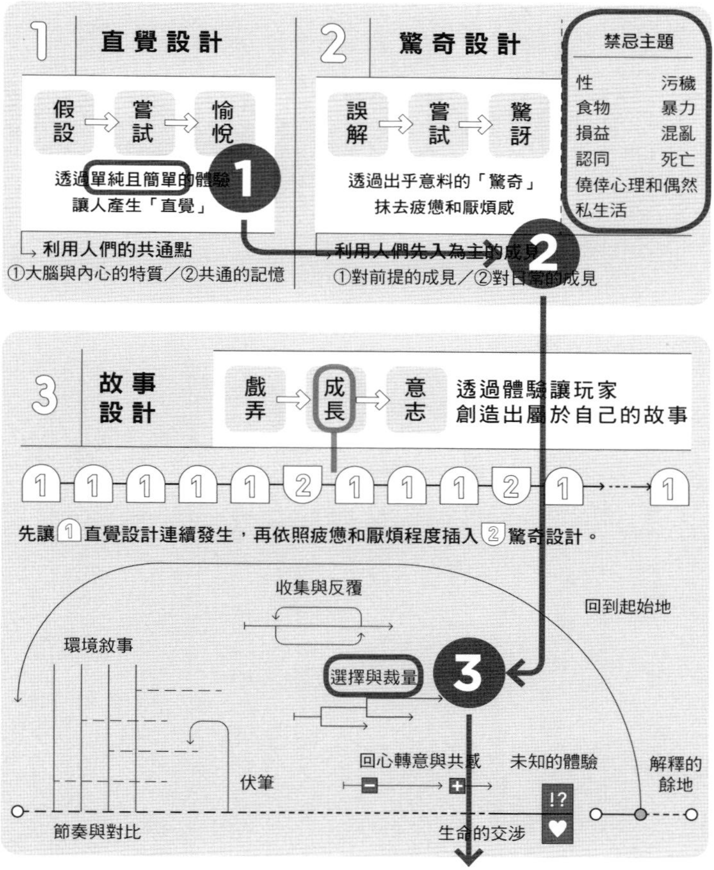

使用者可以自由體驗的產品

思考企劃，互相討論，進行發表，設計產品……雖然這些都是為了提供使用者更豐富的體驗，但這份工作未免也太吃力了。要想突破層層難關，最不可或缺的就是由率領團隊的人進行管理。為了讓每一個團隊成員都獲得成長，到底該如何進行管理才好呢……本書最後就要來思考一下這個問題。

不過，這裡請讓我從稍微不一樣的切入點進行討論，我想說的是關於養小孩的問題。

筆者有兩個正在念幼稚園的孩子，雖然還不至於可愛到放進眼睛都不覺得痛，但也真的非常可愛。但養育小孩實在很困難，他們總是不聽我的話。

舉例來說就像這樣：

不收拾東西。

不刷牙。

念書給他聽也不願意聽。

畢竟他們還是小孩，所以不聽話在所難免，然而從事體驗設計的筆者天生就是無法在這個時候放棄。

孩子們絕對沒有任何惡意。因為他們是我的孩子，我可以百分之百相信他們。既然他們沒錯，那就是我的命令和指示錯了。

「去收拾。」

「去刷牙。」

「乖乖聽故事。」

真要說起來，以為只要一聲令下孩子就會動起來，這個想法本身就太天真了。為了讓孩子依照他自己的意志採取行動，我們需要改變父母親這一方的做法，而且其中一定有可以運用體驗設計的地方……

我一邊如此思考一邊反覆嘗試之後，最後採用了下列對策，成功讓孩子們率先採取行動。

問他們：「這個要放在哪裡好？」

用牙刷的握柄刷牙給他們看。

一邊表示佩服：「我都不知道！」

一邊念給他們聽。

理由如下。

聽到「去收拾」這個指令的孩子們，絕對不會懷著惡意心想「收拾好麻煩」。實際上可能有想過一點點啦，不過他們會出現這種念頭也是有原因的。

主要是因為他們不知道應該收去哪裡。只要觀察孩子們收拾東西就知道，那些在大人眼中看起來一模一樣的玩具，會被分成「開始收拾的時候第一個收到專屬位置的玩具」和「不管過了多久都沒有收起來的玩具」兩大分類。

其實重點只有一個，那就是孩子們是否記得重要玩具應該擺放的位置。能不能具體想起「那個用來假裝買東西的玩具，只要收到房間門旁邊的木架第二層上面，爸媽就會滿意」之類的，才是重點所在。

也因為如此，身為父母的我應該做的事情，就是詢問他們應該收去哪裡。

只要他們知道收拾的位置，就會一邊回答：「要收到木架第二層喔！」一邊動手收拾。

相對地，如果他們想不起位置，也只需要給予他們提示即可，例如「其他用來玩扮家家酒的玩具，都是收到木架上的對吧？」。

聽到「去刷牙」這個指令的孩子，其實已經大概想像過要做什麼，有意願的時候也會自己一個人擅自動手進行。

只不過同樣的動作每天都要做，而且又感受不到效果，所以徹底感到厭煩。問題在於「感受不到效果」和「已經厭煩」。為了解決這些問題，我認為必須先用錯誤的方式刷牙，讓他們實際感受一下平常的刷牙效果。

而我嘗試的做法就是用牙刷沒有刷毛

的部分，也就是用握柄，刷牙給他們看。

孩子們很開心地把牙膏擠在握柄上，隨後一邊在嘴裡製造出喀喀聲，一邊表示：「這樣不對！」開心鬧了一陣子後就開始好好刷牙了。

至於要他們「乖乖聽故事」也不願意照做，因為不管再怎麼好說歹說都不見改善，所以當天先放棄，等隔天再重新問他們理由。結果後來得到的答案幾乎讓我的心臟漏跳一拍。

「爸爸已經知道那本書的內容了，所以很無聊。」

我被他尖銳的指責說得啞口無言。當我暗自想著：「這本書已經念過三次了……」一邊覺得無聊一邊念的時候，孩子們其實都感覺得到。

反過來看，孩子們其實是為了我覺得很開心，所以才感到高興。至今我仍然會不時想起自己竟然連這種事情都沒有發現而感到震驚，感覺十分複雜。

從那天開始，我開始準備自己沒看過的書，還有寫滿未知常識的圖鑑，一邊喊著「哇！」、「看起來真有意思！」，一邊念給他們聽。

結果孩子們開始開開心心地聽我念書，而我也轉變成可以開心地閱讀書本。

多虧如此，我家現在每星期都要前往圖書館找書，不過只要孩子們能夠開心聽故事，這不過是小菜一碟。

用具體的專有名詞確認對方是否能想起業務內容。
故意做錯給他看／讓他經歷錯誤體驗。
教導方和接受教導方一起經歷未知的體驗。

我覺得自己在扶養孩子這個漫長專題當中徹底陷入混亂、疲憊、找不到意義之所在。可是回頭想想，我最根本的地方可能一開始就是錯的。身為父母，我只要求「孩子能做出正確的舉動」這項結果。

不過真正正確的做法，應該是自己以父母身分行動的同時，也要學習身為父母應該如何行動。孩子以孩子的身分，而父母也以父母的身分各自成長，這樣才能讓親子生活這一連串體驗變得更豐富。

管理工作也一樣。因為不論孩子或父母、管理方或被管理方，其主體都是一樣的，必須各自去發現、去感受驚奇、去尋找意義，然後逐步體驗人生。

問題	如何讓團隊獲得成長？

1. 用具體的專有名詞確認對方是否能想起業務內容
2. 故意做錯給他看／讓他經歷錯誤體驗
3. 教導方和接受教導方一起經歷未知的體驗

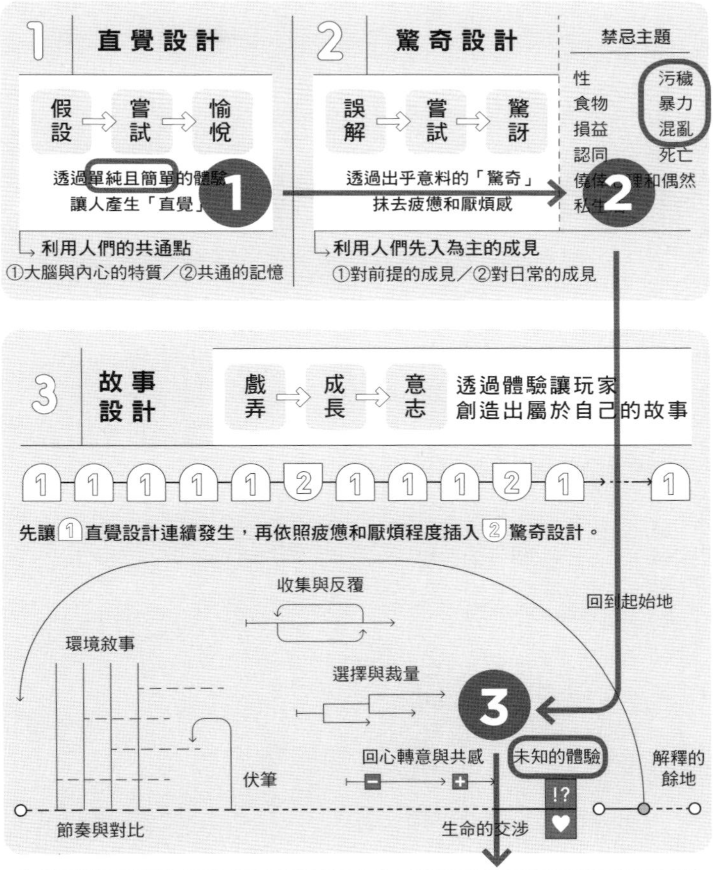

使雙方都有成長的團隊管理

結語

願意體驗本書，而且一路走到此處的各位，真的太感謝了！

本書收錄的內容，只是遊戲當中的少許體驗設計相關知識，真的只是一小部分而已。至於其他部分，希望各位可以靠自己進行遊戲，仔細觀察、感受「自己到底覺得什麼東西有趣？是什麼體驗讓自己有這種感覺？」然後獲得發現，這樣就再好不過了。

鼓勵我進行執筆作業的吉澤康弘先生、山口高廣先生、橋本咲子小姐、櫻井亮先生、香川篤史先生、高橋巧先生、森佳正先生，森花子小姐、石村尚也先生，還有坂西優先生，在此致上深深的謝意。

同時感謝教導筆者關於體驗設計的基礎思考方式的任天堂株式會社的各位。尤其是任天堂株式會社前技術研究員竹田玄洋先生、任天堂株式會社前任代表董事兼總經理岩田聰先生，真的是再怎麼感謝都不夠。我依然可以清

P. 5「對著鼻孔比ＹＡ」的回答範例：①「好像可以把手指放進去」的直觀功能。②「把手指放進鼻孔」的禁忌。③在下意識當中描述著鼻孔和ＹＡ手勢目前的狀況的大腦本能。

本書原本的文字量大約有現在的六倍之多。關於那些我不得不邊哭邊刪的內容和情報，將會透過筆者的網頁（可能的話希望是下一本書）告訴大家，敬請期待。

楚回想起各位透過遊戲觀察人類時，那道在你們眼中閃爍的光芒。

感謝願意接受「將遊戲的體驗設計應用在商務上」這個奇妙主題的鑽石社和田史子小姐。還有本書第一位讀者——我的妻子，以及第一個實驗對象，我的兩個女兒，也都要獻上最特別的謝意。

最後是為我的人生增添許多繽紛色彩的所有遊戲、內容和產品的所有設計者，真的感激不盡。

是各位給予我的回憶，讓我一直生存至今。

玉樹真一郎

本書到此暫時告一段落，不過後面還有一些其他東西。請容我介紹參考資料和相關遊戲。

本書是由作者、編輯和書本設計者組成團隊，一邊應用體驗設計的思維一邊打造出來的。如果你願意再看一次（我們都會很開心），希望你能一邊思考「為什麼這本書會設計成這樣？」一邊看，相信這樣一定能進一步加深你對體驗設計的理解。在此舉出幾個重點喔。

〈直覺設計〉

□本書的基本構造是攤開之後，右邊頁面是正文，左邊頁面則配置了圖片。和一般書籍相比，正文的份量大概只剩一半，但這種配置產生了什麼效果？

□本書在即將翻頁的時候，都有試著讓讀者預想下一頁會出現什麼樣的內容。請仔細觀察自己的大腦在翻頁前預想了什麼。順帶一提，封面也有同樣的設計。

□本書將直覺作為體驗的動力來源，使用了大量「讓人思考共通點」的設計。可以在同一頁當中尋找共通點，也可以在相隔好幾頁之後發現隱藏起來的共通點，再加上正文與圖片的共通點和設計上的共通點，如果能一邊閱讀一邊想著「共通點」這個關鍵字，說不定就能找到新發現。

〈驚奇設計〉

□本書曾經好幾次刻意破壞右頁正文、左頁圖片的基本規則。這是基於什麼意圖？這樣破壞基本規則可以帶來什麼樣的效果？請試著推測看看。

□本書三不五時就會故意說出下流的主張，或是舉出無聊的例子……到處都有禁忌主題。如果你能一邊閱讀一邊思考禁忌主題出現的地方和頻率，相信一定可以更深刻體會當中的意義和效果。

□本書為什麼會採用「啪敷啪敷」這種宛如變化球的主題？請試著用驚奇設計的動力來源

「成見」為關鍵字，加以解讀。

〈故事設計〉

□ 本書採用了許多包含故事設計的主題，其中最常用的就是「伏筆」。我相信光是尋找伏筆就是一件有趣的事，但若能仔細觀察你「發現伏筆時的心情」，感受自己的內心，效果說不定會更好。

□ 本書包含了「透過閱讀這個體驗，讓你感受到自己出現變化，獲得成長」的設計（如果你覺得自己有所成長，那正是我們的目的）。是什麼樣的設計讓你實際感受到自己的成長呢？

□ 本書從第一頁開始到你現在正在閱讀的這兩頁，沒有任何一頁是毫無目的的。例如現在這兩頁的設計，目的到底是什麼呢？

最後的最後只想再補充一點。老實說，其實根本沒有必要重新閱讀本書，只要能意識到體驗設計的思維就行了。觀賞你喜歡的內容，全心投入你的興趣，努力工作生活……只要你能試著在這些名為日常生活的體驗當中尋找「忍不住就做下去」的要素，就已經擁有足夠的意義了。因為真正重要的，是你自己的體驗。

CONTINUE?

卷末 2

可更加深入學習體驗設計的 參考資料

第 1 章｜直覺設計

《超級瑪利歐》的設計者宮本茂先生（任天堂株式會社代表董事研究員）在打造《超級瑪利歐》的時候，據說心裡想的是「想做一款最簡單易懂的遊戲」。（出自 DIGITAL CONTENT EXPO 2009 主題演講「宮本茂的工作史」。http://nlab.itmedia.co.jp/games/articles/0910/27/news082_2.html）

心理學、認知科學、腦神經學、行為經濟學、設計等學術領域，為我們提供了無數個通往「理解」的提示。以下舉出我個人推薦的書籍和讀物，還有思考體驗設計時相當有用的遊戲事例。

（已挑選出比較容易入手的種類）

書　*THE DESIGN OF EVERYDAY THINGS, Revised and Expanded Edition*

（《設計與日常生活》）

D.A Norman，二〇一三年

讓認知心理學的專業用語「直觀功能」流傳在設計領域當中的就是本書，不只容易閱讀，還很有趣，可以透過書中大量舉出的例子學習設計和直觀功能之間的關係。增筆修正版裡追加了直觀功能概念廣為人知之後所產生的新討論，如果可以的話，請看看吧！

書　《新版 アフォーダンス》

（《新版 直觀功能》）

日本岩波書店，佐佐木正人，二〇一五年

本書可以從基礎開始學習吉布森所提倡的直觀功能概念。把人類的認知和以視覺為契機的大腦和內心的發展狀況等內容，統統整理濃縮成簡單的結論。作者佐佐木正人是日本直觀功能研究領域當中的翹楚，可試著以佐佐木先生為主軸多找幾本書來看，這樣應該就能理解直觀功能的更多面向。如果想要接觸最原始的理論，也有吉布森本人所寫的 *The Ecological Approach to Visual Perception*（J.J Gibson，一九七九年）可看。

書　《快思慢想》

天下文化，丹尼爾．康納曼，二〇一二年

以行為經濟學聞名全世界的作者曾獲得諾貝爾經濟獎，其思考精髓統統濃縮在本書當中。讀過此書就能知道我們思考、判斷事物的過程到底有多麼不合理，感覺於我心有戚戚焉。學習行為經濟學和認知科學的時候，這本書是絕對躲不掉的必讀經典。順帶一提，如果還要再舉其他類似書籍，我推薦《誰說人是理性的！》（天下文化，丹．艾瑞利，二〇一八年），這本書可以讓人細細品味行為經濟學的有趣之處。

書　《「わかる」とはどういうことか——認知の脳科学》

（《「我懂」到底是什麼意思：認知與大腦科學》）

日本筑摩書房，山鳥重，二〇〇二年

身為腦神經學者暨臨床醫師的作者，透過本書討論如同字面所說的「我懂」到底是什麼樣的體驗。不只具體分類、整理「我懂」體驗，同時也告訴我們「我懂」體驗其實就是生命的根本。作者的另一本書《「気づく」とはどういうことか——こころと神経の科学》（《「發現」到底是什麼意思——內心與神經科學》，日本筑摩書房，山鳥重，二〇一八年）也很值得推薦。

書　《記号論への招待》

（《通往符號學的招待狀》）

日本岩波書店，池上嘉彥，一九八四年

所謂符號學，就是思考用其他東西來表現某種特定事物的相關學問。身為東京大學教養學系的名譽教授同時也是符號學大師的作者，寫出了這本符號學入門書籍。不論是讓人思考為什麼能傳達、為什麼不能傳達等問題，或是當成眾多學術領域都有引用的符號學入門概論，都是最合適的一本書。

書　《グラフィック学習心理学—行動と認知》

（《影像學習心理學：行動與認知》）

日本サイエンス社，山内光哉、春木豐，二〇〇一年

這是學習心理學的標準教科書。學習心理學是將其基礎「古典制約」「操作制約」加以擴展，搭配圖表整理出簡單易懂的說明，可以完整學到許多經過長期研究認證的學習心理學理論。此外第一章提到的「初始效應」可以和「時近效應」（一連串體驗當中越接近結束部分的記憶力會變得越高）一起稱之為「序位效應」。

書　《寫給大家的平面設計書》

三言社，羅蘋・威廉斯，二〇〇六年

雖然形式上是關於印刷品設計的書，但實際上說明的是關於設計的基本。讀者可學到「四個基本設計原則」，也就是對比、重複、對齊、相近。即使在體驗設計的領域裡，這四個基本設計原則也一樣是非常強大的武器，而本書就是最適合用來掌握它們的好書。設計絕對不只是用來製造美觀事物的手續而已，順帶一提，想要更深入設計領域的人，可以參考 *The Semantic Turn: A New Foundation for Design*（Klaus Krippendorff，二〇〇九年）。不只是設計領域，在設計思想和以人為主的設計等重視商務與設計的領域當中也是非常重要的一本書。

讀物　「社長來發問」

http://www.nintendo.co.jp/corporate/links/index.html

這是二〇〇六年正式公開 Wii 到二〇一五年這段期間，當時的任天堂代表董事總經理岩田聰先生（已逝）在公司內外接受創作者訪問的所有談話內容，可以從中窺見他在設計遊戲體驗時的心態和具體的手法，也有談論在開發《超級瑪利歐》時發生過什麼事。裡面充滿了讓人忍不住讚嘆「原來體驗設計者都在想這種事情嗎……！」的豐富內容。※當時還在任天堂任職的我也有零星登場，真是不好意思。

遊戲　《超級瑪利歐 64》

任天堂，一九九六年

隨著技術進步，原本平面的 2D 遊戲逐漸轉型成 3D。這個時期的最大問題，就是讓用戶直接感受到「深度」。而解開這個問題的最佳設計範例，就是跳進平面圖片之後立刻展開成 3D 空間的演出手法。此外遊戲內為了掌握 3D 空間而存在的「鏡頭」性質，也透過開頭畫面的動畫完美解決。這是一款根本無法把所有強大設計統統列舉出來的大師級作品。

遊戲　《Wii Sports》

任天堂，二〇〇六年

雖然這款遊戲從《超級瑪利歐》手中奪下了「家用主機最賣座遊戲」的稱號，但它強大的設計不能只看軟體，必須跟硬體「Wii」的設計一起搭配說明。當用戶建立起「只要把 Wii 的把手當成球拍揮動就可以了嗎？」的假設時，Wii 把手的形狀便肩負了極為重要的職責。再加上 Wii 把手在揮動的時候會發出聲音，爽快地傳達出「操作方法正確無誤」的訊息。這也是因為把手上加裝了擴音器才能辦到。軟體和硬體同時動員，不只讓用戶在事前建立假設，事後也「讓他們知道假設正確無誤」，成功完成了直覺設計。

第 2 章｜驚奇設計

《勇者鬥惡龍》系列的設計者堀井雄二先生（ARMOUR PROJECT 有限公司代表董事）為了把 RPG 遊戲以任何人都能遊玩的形式導入日本，做了幾件非常不得了的事。首先，他在當時正在編輯的《週刊少年 JUMP》雜誌上刊登了 RPG 遊戲的解說。第二，為了讓用戶能先行熟悉遊玩 RPG 遊戲時絕對避不開指令輸入，他做了一款叫作《港口鎮連續殺人事件》的冒險類遊戲（《Family Computer 神拳　奧義大全集　復刻之卷》SOUARE ENIX，二〇一一年〔非賣品〕）。這巧妙的設計背後果然有著驚人的熱情。

在正文當中提出的「啪敷啪敷」也是如此。以下以令人吃驚、令人情緒產生波動的行為為主題，從腦神經科學、心理學、哲學、文學、經營學等學術領域當中挑選出值得推薦的書籍加以介紹。

書　《情感究竟是什麼？從現代科學來解開情感機制與障礙的謎底》

遠流，乾敏郎，二〇二〇年

這位足以代表日本的心理學家暨腦科學者，從「感情到底是什麼」這個本質問題直接切入。他的主張是這樣的：不論是透過感官來理解世界的「知覺」，或者是操控肌肉與臟器的「運動」，大腦所做的其實並不是發出指示或命令，而是單純地預測未來並加以修正，感情則是因為預測誤差而誕生的產物。這本書除了腦神經科學之外，還動用了機率推論和情報理論，朝著大腦統一理論的冒險前進。內容可能有點難，但毫無疑問是一本有趣的名著，必讀！

書　*Inside Jokes: Using Humor to Reverse-Engineer the Mind*

（《人為什麼笑？幽默感存在的理由》）

Hurley, Matthew M., Dennett, Daniel C, Adams, Reginald B. Jr.，二〇一一年

這本書從哲學和心理學的另一個面相，全面性地網羅、整理我們人類發笑的理由。根據各種理

論，例如把笑視為一種驚訝之情的驚奇理論、消除不一致理論、優勢理論、遊戲理論等，探求發笑的根本原理。只要讀過本書，你對搞笑事物的看法應該會一口氣改變吧！

書　《恐怖の哲学　ホラーで人間を読む》

（《恐怖的哲學：以恐懼來解讀人類》）

日本 NHK 出版，戸田山和久，二〇一六年

專攻科學哲學的筆者這麼說：「人類可以在恐怖當中取樂，娛樂當中包含恐怖電影就是最好的證據。那麼為什麼只有人類有辦法在恐怖當中取樂呢？」這真是個引人入勝的題材設定。綜合生物學、腦神經科學、認知科學、心理學等多種學問，以恐怖為起點觀察人類這種生物，進行哲學分析。

書　《社會性動物》

商周，大衛 · 布魯克斯，二〇一七年

我們的人生到底受到多少在無意識中誕生的感情所支配？身為《紐約時報》專欄作家，筆者詳細描述了兩位主角的人生並加以解說。擁有肉體，擁有感情，而且能和社會有所互動的動物，就是我們人類。正因為人類擁有這些特質，所以才需要互相攜手生存下去也說不定。本書雖然是科學書，但同時也充滿溫情。

書　《小孩的宇宙：從經典童話解讀小孩內心世界》

親子天下，河合隼雄，二〇一九年

曾擔任文化廳長官的筆者是將榮格心理學導入日本的第一人。他筆下的小孩心中充滿了希望和憎恨，還有秘密和幻想。其中尤其需要注意的就是在世界各國的神話、故事和古老傳說當中登場的「古靈精怪搗蛋鬼」。搗蛋鬼具有破壞和創造兩面，持續讓周遭的人感到驚訝。我認為這種「搗蛋鬼個性」正是體驗設計者所需要的性質。

書　*Paradigms: The Business of Discovering the Future*

（《典範的魔力》）

Joel Barker，一九九三年

典範的意思是「認為生活或商務必須呈現某種特定樣貌的偏見」，至於典範的破壞則被稱為典範轉移。既是研究者也是商業顧問的作者，利用大量實例介紹了人類進步不可或缺的典範轉移原理與方法。其實典範轉移和靈感都一樣，用一句話來說，就是驚奇。

遊戲　《惡靈古堡》

卡普空，一九九六年

如今這款系列遊戲已是全世界最有名的恐怖遊戲之一，而本系列的第一代作品更是用盡了所有驚悚和恐怖的設計，在金字塔頂端屹立不搖。為什麼殭屍總是慢慢地回頭？為什麼「狗從窗戶跳進來的畫面」會深深留在人們的記憶當中？為什麼採用這種類似無線遙控的操作手法？為什麼非得限制武器彈藥數量，甚至連存檔次數都要限制？除了各種不同的設計手法，所有緊密配置的直覺設計和驚奇設計也非常值得注目。

遊戲　《潛龍諜影》系列

科樂美，一九八七年至今

說起遊戲業界最大咖的搗蛋鬼，當然就是世界知名的遊戲設計者小島秀夫先生。這款遊戲是小島先生的代表作，甚至還為了這款遊戲建立以隱密行動達成目標的「潛行類遊戲」分類，擁有壓倒性的實績。時而搞笑，時而不講到無言以對，甚至跨越了遊戲框架，持續背叛玩家的預想（例如「紙箱」、「無線電頻率」等）。透過整個系列，持續拓展遊戲可能提供的各種體驗。

遊戲　《桃太郎電鐵》系列

科樂美，一九八八年至今

為了成為全日本第一的老闆而互相爭奪財物，感覺是一款非常容易打起來的遊戲，但是不知為何就是可以玩得很開心，造就這個狀況的設計重點在於禁忌主題。隨機性極高、窮神、性感畫面，最後甚至連大便都會登場。巧合的是，這款遊戲的設計者佐久間晃先生和《勇者鬥惡龍》系列設計者堀井雄二先生一樣，都是編輯出身。當初率先挖掘出漫畫家鳥山明先生，帶領《少年 JUMP》走向成功之路的鳥嶋和彥先生亦然，「編輯」技術當中總是充滿了優秀的體驗設計。

第 3 章｜故事設計

由於遊戲業界近年來的持續成長、成熟，過去一直藏起來不讓別人知道的遊戲設計竅門也開始積極向外公開。許多對遊戲粉絲來說，甚至從體驗設計的觀點來看都極為貴重的情報都已經公開，其中也包括本書提到的《最後生還者》和《風之旅人》，請各位務必在網路上找來看看。

這時若是能先行掌握以下介紹的神話學、劇本寫作技巧、敘事學和腦神經科學等學術知識，就能實際對照設計者的發言內容，得知「原來他是一邊想著這些東西一邊做遊戲的嗎！」，進而獲得更深的理解。

書　《千面英雄》

漫遊者文化，喬瑟夫・坎伯，二〇二〇年

身為神話學學者的作者最著名的代表作，同時也是古典名著。從遠古時代到現代，人類到底在追求些什麼？又是為了什麼感到心動？書中除了具體解說「英雄旅程」的構造，也為這個巨大命題提出了一個答案。有些段落稍難，也有一些不容易想像的事例，不過你只要先大略看過一遍，掌握整體構造之後再看一次就沒問題了。因為這是一本非常大器的書。

書　《故事的解剖》

漫遊者文化，羅伯特・麥基，二〇一四年

作者被稱為全世界最有名的編劇教父，這本書也被譽為編劇聖經，詳細論述了如何打造出打動人心的故事。不只獲得電影業界和劇本寫作者的壓倒性支持，也擁有許多上班族讀者群，相信這就是所有人都想追尋如何設計出打動人心的體驗的最佳證明吧。從故事構造到具體的劇本寫作方法，應有盡有，是一本絕對不容錯過的名著。

書　《ナラトロジー入門》

（《敘事學入門》）

日本水聲社，橋本陽介，二〇一四年

作為敘事學入門書籍正合適。因為是日本作者，所以閱讀起來相當輕鬆，除了確實介紹故事內容和故事論述等基本概念，也列舉了無數事例，以充滿趣味的方式加以解說。該作者的另一本書《物語論　基礎と応用》（《敘事學：基礎與應用》，日本講談社，橋本陽介，二〇一七年）則是增加了更多範例，內容也更加有趣。即使這門學問乍看之下似乎高不可攀，然而只要看過本書，相信一定會忍不住想要多學一點。

書　《天生愛學樣：發現鏡像神經元》

遠流，馬可 ・ 亞科波尼，二〇〇九年

作者是神經科學的權威，他將「足以媲美生物學的 DNA 大發現」的鏡像神經元驚人特性，整理成平易近人的文字。從鏡像神經元的基本性質「把他人的行動視為自己採取的行動，為此感到興奮」，到主張鏡像神經元規定了人類社會的樣貌，各種不同的視角，讓我們深思人類的真實模樣。

遊戲　《INSIDE》

Playdead，二〇一六年

在一個身陷奇妙狀況的世界裡，有個正在逃離某人的少年。歡笑和恐懼，性感和獵奇，還有解謎與動作要素全部完美設計成一連串的體驗，讓玩家忍不住在腦中說著「這到底是什麼故事？」（詳細劇情請務必親自玩一次遊戲體驗看看）。在「忍不住開始說故事」這一點上，還有一款表現得更強烈的遊戲《見證者》（Thekla，二〇一六年）。這是一款沒有解釋任何規則的解謎遊戲，同時也是完全沒有說明任何世界觀的冒險遊戲。推出時衝擊整個遊戲業界，讓人發現遊戲其實依然擁有無限的可能。

遊戲　《汪達與巨像》

Sony Interactive Entretainment，二〇〇五年

這是在全世界獲得壓倒性支持的遊戲設計者上田文人先生的作品。很神奇的是，玩過這款遊戲的玩家都會喜歡上主角身邊那匹叫作亞格羅的馬。讓玩家共感的能力之高，在整個遊戲歷史當中也是鶴立雞群。至於能讓人產生共感的遊戲，其他還有《MOTHER》系列（任天堂，一九八九年至今）、《薩爾達傳說：織夢島》（任天堂，一九九三年）、《皮克敏》系列（任天堂，二〇〇一年至今）、《生化奇兵》（2K Boston ／ 2K Australia，二〇〇七年）等。活用了名為遊戲的媒體特性，實現最具普遍性的體驗設計，相信這款名作應該會一直被人傳頌下去吧！

遊戲　《薩爾達傳說：曠野之息》

任天堂，二〇一七年

「教導、帶領所有用戶」的任天堂式設計，以及「放任、戲弄用戶」的開放世界遊戲設計，這款遊戲就是將兩者完美融合的歷史傑作。從遊戲開頭的「初始臺地」開始，漸漸拓展用戶的行動範圍以至於全世界，每次拓寬都會出現教學和自發性冒險，這個讓玩家持續成長為勇者的設計實在異常優秀。若是你願意觀察、分析教學和自發性冒險在各自不同的場景下是如何移動玩

家地圖的周邊區域，相信它的細膩一定會讓你大吃一驚。此外，宿敵加農多洛夫則是在世界中心等待著玩家。為了讓玩家依照自己的意志踏入世界中心，設計者也同樣等待著玩家的成長。

深入挖掘電玩與遊戲

書　*Play and Development*

（《遊戲與發展心理學》）

Jean Piaget 等，二〇〇七年

本書作者被認為是二十世紀最具影響力的心理學家之一，是發展心理學的著名權威。他以遊戲為主題，針對發展心理學進行討論。其中包含孩子是透過四個階段逐漸發展成長，道德觀念也是階段性地從他律轉變成自律……這些論點全都可以活用在體驗設計上。因為不論大人小孩，透過體驗逐步成長是所有人類共通的必經之路。

書　*Les jeux et les hommes*

（《遊戲與人類》）

Roger Caillois，一九五〇年

身兼社會學家與哲學家身分的作者為「遊戲」做出定義與分類，並深入考察其意義。其中遊戲業界必備的思考方式「遊戲四大分類」，也就是可以用競爭 (Agon)、偶然 (Alea)、模擬 (Mimicry) 和暈眩 (Ilinx) 四種類別分類所有的遊戲。想讓無趣體驗變得更有趣的時候，不妨試著應用這四大分類，體驗給人的印象肯定會有一百八十度大轉變。

書　《遊戲人：對文化中遊戲因素的研究》

康德出版社，胡伊青加，二〇一三年

作者是一個歷史學家，他從正面角度思考過去從來不曾獲得學術界重視的「遊戲」，認為人類先是「遊戲人 (Homo Ludens)」然後才會是「智人 (Homo Sapien)」或「工匠人 (Homo Faber)」。正是因為人類會玩，所以才能透過遊戲獲得能力，進而促使文明發展。這本書會讓人莫名覺得我玩遊戲我驕傲，感覺自己就像是站在悠久歷史的最尖端。

書　《ゲームする人類》

（《玩遊戲的人類》）

日本明治大學出版會，中澤新一、遠藤雅伸、中川大地，二〇一八年

作者從文化人類學者、遊戲設計者和遊戲評論家的角度，討論遊戲的可能性。現在各位閱讀的「引薦」當中所介紹的想法和書籍大部分都有提及，同時也有回溯電玩業界從以前到現在的重要變遷。可以成為學習電玩遊戲的入門書籍，也能從中找到關於遊戲的深入分析、批評和研究……我認為這是一本非常罕見的書。

書　《3D 遊戲設計全攻略：遊戲機制 × 關卡設計 × 鏡頭訣竅》

博碩，大野功二，二〇一六年

以極為具體的方式解說遊戲裡的優秀設計，是一本獨一無二的書。不論是遊戲規則的設定，舞

臺設計，還有鏡頭的運鏡方式等全都包含著遊戲設計者的意圖，相信你在閱讀途中一定會感歎連連。雖然也有很多人懷疑「真的有考慮到這麼深入嗎？我不相信！」就是了……（設計者真的就是這樣一邊深入思考一邊製作遊戲，絕對沒騙你）。

書　*Half-real*

（《半真半假：夾在虛實之間的電玩遊戲》）

Jesper Juul，二〇〇五年

作者是電玩遊戲研究的權威，而這本書是用學術方式講解電玩遊戲基本構造的名著。遊戲是現實，同時也是虛構。有必須遵守的規則，同時也是創作。電玩遊戲到底是什麼？面對這個問題，本書給了我們一個心曠神怡的解答。另外譯者松永伸司先生自己也是遊戲研究者，著有《ビデオゲームの美学》（《電玩遊戲的美學》，慶應義塾大學出版會，松永伸司，二〇一八年）等書。以美學為基礎，把遊戲視為一門藝術加以討論。沒錯，遊戲同時也是藝術。

書　《心流：高手都在研究的最優體驗心理學》

行路，米哈里・契克森米哈伊，二〇一九年

若是用一句話來形容這位世界知名的心理學家為我們整理出來的東西，那就是「全神貫注的方法」。先定義了可以做到徹底全神貫注的「心流」狀態，然後再討論到達該狀態的方法。在「追求集中力」這一點上，不論上班族、運動員、教育者或工匠，相信大家都是一樣的。所以每個領域都有壓倒性的讀者群，沒有偏頗任何特定領域。

書　《入門 ・ 倫理學》

（《倫理學入門》）

日本勁草書房，赤林朗、兒玉聰〔編〕，二〇一八年

本書在現有的倫理學兩大支柱「規範倫理學」和「元論理」之中加進政治哲學，全面性地解說這三個領域，協助我們掌握倫理學這門龐大學問的整體樣貌。兩位作者都是倫理學大師。讓我們在大師的協助之下，一起煩惱、思考吧。不論感性或理性、權利與義務、道德與法治，現實與非現實……煩惱的來源是永遠不會枯竭的。

書　《創意，從無到有》

經濟新潮社，楊傑美，二〇一五年

本書可說是企劃技巧的聖經，是所有追求創造性的人都會閱讀的名作。「創意不過是舊元素的重新組合」這句話甚至被人引用到快爛了。雖然是一本非常輕薄而且容易閱讀的書，卻擁有奇異的魄力和神秘感。我想這一定是因為它接觸到「創造性」這個造就人類核心的主題吧！

上述最後三本書中的主題提到「集中、倫理、創造」的內容，預計會成為我在寫第二本談論體驗設計的書時的主要主題。「不知不覺就變得很有創意的體驗設計」……敬請期待！

遊戲、遊戲主機的示意圖（出處）

《超級瑪利歐兄弟》（任天堂，1995）
《薩爾達傳說：時之笛》（任天堂，1998）
《勇者鬥惡龍》（SQUARE，1986）
《勇者鬥惡龍 III》（SQUARE，1988）
《勇者鬥惡龍 V》（SQUARE，1992）
《最後生還者》（Sony Interactive Entertainment，2014）
《風之旅人》（Sony Interactive Entertainment，2012）
《精靈寶可夢》（任天堂，1996）
《俄羅斯方塊》（任天堂，1989）
紅白機 Family Computer（任天堂，1983）

E
N
D

國家圖書館出版品預行編目資料

「體驗設計」創意思考術/玉樹真一郎著；江宓蓁譯.
-- 初版. -- 臺北市：平安文化, 2021.2
面；公分.-- (平安叢書；第673種)(@DESIGN；3)
譯自：「ついやってしまう」体験のつくりかた——人を動かす「直感・驚き・物語」のしくみ
ISBN 978-957-9314-90-9(平裝)

1.商品管理 2.產品設計 3.創意

496.1 109021315

平安叢書第0673種
@DESIGN 3

「體驗設計」創意思考術

「ついやってしまう」体験のつくりかた
人を動かす「直感・驚き・物語」のしくみ

"TSUI YATTE SHIMAU" TAIKEN NO TSUKURI KATA
by Shinichiro Tamaki
Copyright © 2019 Shinichiro Tamaki
Complex Chinese translation copyright © 2021 by PING'S PUBLICATIONS, LTD.
All rights reserved.
Original Japanese language edition published by Diamond, Inc.
Complex Chinese translation rights arranged with Diamond, Inc.
through Japan UNI Agency, Inc., Tokyo

作　　者—玉樹真一郎
譯　　者—江宓蓁
發 行 人—平雲
出版發行—平安文化有限公司
台北市敦化北路120巷50號
電話◎02-27168888
郵撥帳號◎18420815號
皇冠出版社（香港）有限公司
香港銅鑼灣道180號百樂商業中心
19字樓1903室
電話◎2529-1778　傳真◎2527-0904
總 編 輯—許婷婷
責任編輯—黃雅群
美術設計—李偉涵
著作完成日期—2019年
初版一刷日期—2021年2月
初版二刷日期—2023年3月
法律顧問—王惠光律師
有著作權・翻印必究
如有破損或裝訂錯誤，請寄回本社更換
讀者服務傳真專線◎02-27150507
電腦編號◎559003
ISBN◎978-957-9314-90-9
Printed in Taiwan
本書定價◎新台幣380元/港幣127元

• 皇冠讀樂網：www.crown.com.tw
• 皇冠Facebook：www.facebook.com/crownbook
• 皇冠Instagram：www.instagram.com/crownbook1954
• 皇冠蝦皮商城：shopee.tw/crown_tw